KB246327

초등 수학 문제 풀이의 달인이 되는 법 1

지은이 에드워드 자카로 Edward Zaccaro

1974년에 오벌린 대학을 졸업한 뒤부터 여러 형태의 교육에 전념해 왔습니다. 다양한 능력을 가진 여러 연령대의 아이들을 가르치고 있는 그는 지난 10년 동안 초등학생과 중학생 수학 영재들의 능력을 개발하는 일에 주력해 왔습니다. 자신이 가르치는 영재들을 위한 효과적인 교수법과 교재가 없다는 사실을 깨달은 에드워드 자카로는 자신이 직접 아이들에게 꼭 맞는 교수법을 개발했고 그 결과를 책들 속에 담았습니다. 아이오와 주 노던 대학교에서 석사 학위를 받은 그는 영재 교육에 관한 여러 학회에 참석하여 강연을 펼치고 있습니다. 현재는 더뷰크 외곽에서 아내와 세 아이와 함께 살고 있습니다.

저서로는 『교양 있는 우리 아이를 위한 사고력 놀이 수학 1, 2』, 『미래의 과학자와 수학자가 알아야 할 10가지 1, 2』, 『Real World Algebra』, 『Challenge Math for the Elementary and Middle School Student』가 있습니다.

옮긴이 김소정

책을 무척 좋아하는 번역가로 자연과학과 역사책 번역을 하면서 생을 마감했으면 하는 야무진 바람이 있습니다. 『수학자도 사람이다 1, 2』, 『교양 있는 우리 아이를 위한 사고력 놀이 수학 1, 2』, 『미래의 과학자와 수학자가 알아야 할 10가지 1, 2』, 『전략의 귀재들, 곤충』 외 40여 권을 번역했으며 『갈리아 전쟁기』를 라틴 어로 읽고 싶다는 꿈을 꾸고 있습니다.

초등 수학 문제 풀이의 달인이 되는 법 1

지은이 에드워드 자카로 | **옮긴이** 김소정 | **처음 찍은날** 2011년 3월 24일 | **처음 펴낸날** 2011년 3월 31일 | **펴낸곳** 이론과실천 | **펴낸이** 김인미 | **등록** 제10-1291호 | **주소** (121-829) 서울시 마포구 상수동 323-2 2층 | **전화** 02 714-9800 | **팩시밀리** 02 702-6655

Becoming A Problem Solving Genius
by Edward Zaccaro
Copyright © 2006 Hickory Grove Press
All rights reserved

Korean Translation Copyright © 2011 Little E-shil Publishing Co.
Korean edition is published by arrangement with Hickory Grove Press
through Corea Literary Agency, Seoul.
이 책의 한국어 판 저작권은 Corea 에이전시를 통한 Hickory Grove Press와의 독점계약으로 도서출판 이론과실천에 있습니다. 신저작권법에 의해 한국 내에서 보호를 받는 저작물이므로 무단 전재와 복제를 금합니다.

*값 9,800원
*잘못된 책은 바꾸어 드립니다.

ISBN 978-89-313-8155-9 64410
ISBN 978-89-313-8154-2 (세트)

문제 풀이의 달인이 되는 법 ①

에드워드 자카로 지음, 김소정 옮김

이 책을 가르치는 보람을 크게 느끼게 해 주는,
수학과 과학에 커다란 열정을 가진 내 학생들에게 바친다.

차례 **1권**

1장. 하나로 생각하기 9

2장. 2-10 방법 22

3장. 반드시 빼야 할 때가 있다 33

4장. 그림 그리기 46

5장. 벤다이어그램 57

6장. 대수학의 언어 75

7장. 방정식 풀이 95

8장. 대수학 문제 풀이 116

정답과 풀이 129

차례 **2권**

9장. 추론 9

10장. 비율의 힘 20

11장. 함수 기계 31

12장. 제대로 생각하기 48

13장. 괴상한 수학자 62

14장. 순열 71

15장. 진법에 대해서 95

16장. 어마어마한 상금은 누구 차지? 109

17장. 수학경시대회 111

정답과 풀이 121

1장
하나로 생각하기

경수와 4명의 친구들은 32일 동안 에베레스트 산을 정복한다는 계획을 세웠습니다. 경수 일행은 5명이 32일 동안 먹을 수 있는 식량을 구입했습니다. 그런데 또 다른 세 친구가 에베레스트 산에 함께 올라가고 싶다고 말했습니다. 식량을 새로 구입하지 않는다면 이 친구들은 며칠 동안 여행을 할 수 있을까요?

이런 문제는 많은 사람들이 어려워하지. 그래서 이런 문제를 쉽게 풀 수 있는 방법을 개발했단다.

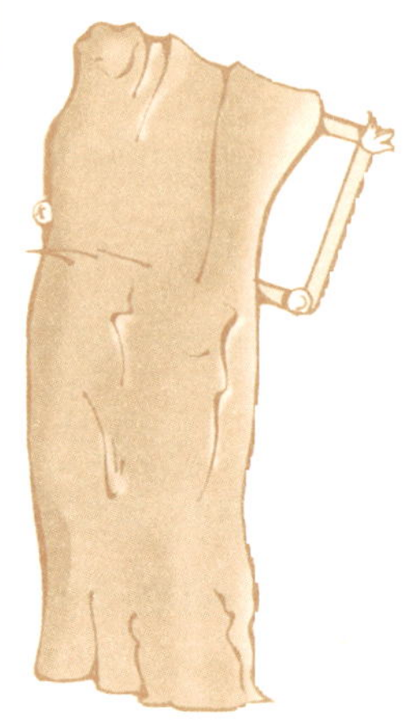

바로 '하나로 생각하기'라는 방법이야.

하나로
생각하기

에베레스트 산에 오르는 문제에서는 먼저 한 사람이 산에 오르면 며칠이나 먹을 수 있는지 생각해 봐야 해.

네, 알겠어요. 식량은 다섯 사람이 32일 동안 먹을 수 있는 양이니까 혼자서 올라간다면 5×32 = 160일 을 먹을 수 있어요. 이런 건 쉬워요.

같은 양을 2명이 먹는다면 160÷2 = 80일, 3명이 먹는다면 160÷3 = 53⅓일을 먹을 수 있어요.

그 내용을 표로 한번 만들어 볼까?

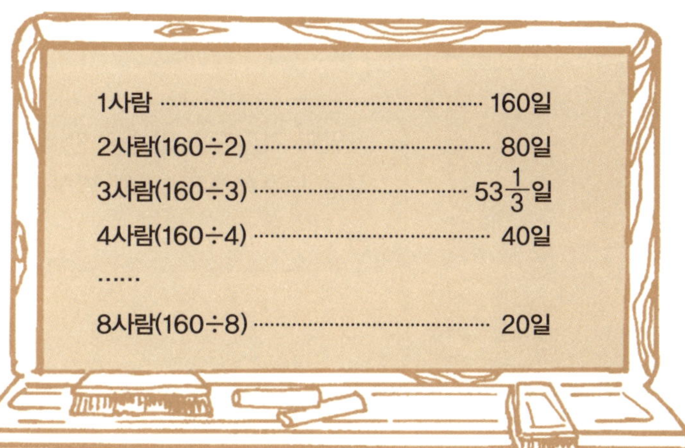
1사람 ······ 160일
2사람(160÷2) ······ 80일
3사람(160÷3) ······ 53⅓일
4사람(160÷4) ······ 40일
······
8사람(160÷8) ······ 20일

표로 만드니까 정말 쉬운걸요!

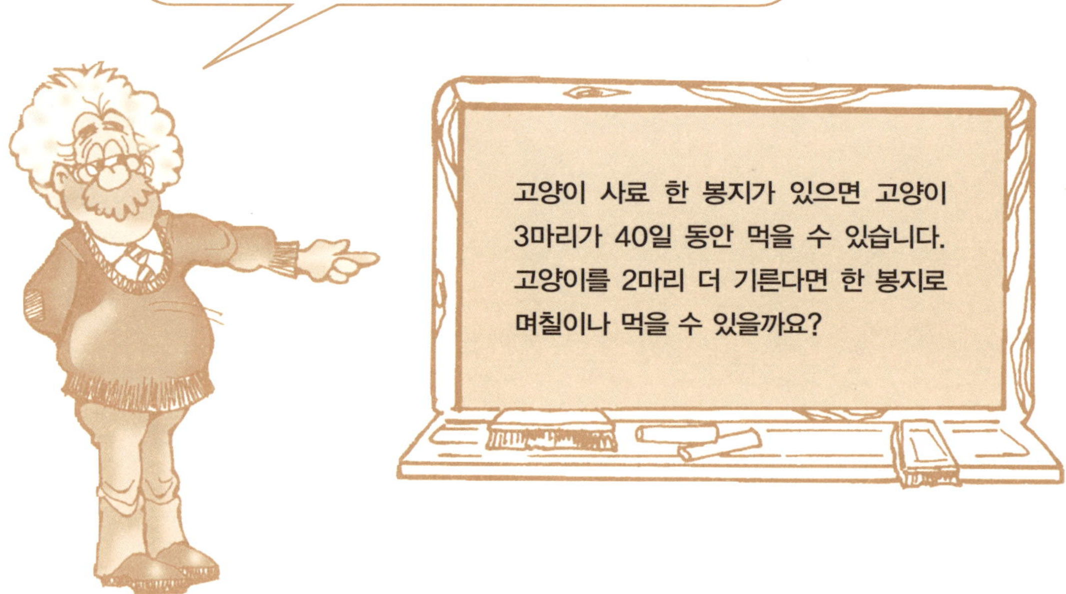
‘하나로 생각하기’ 방법을 이용해서 이 문제를 풀어 봐.
고양이 사료 한 봉지가 있으면 고양이 3마리가 40일 동안 먹을 수 있습니다. 고양이를 2마리 더 기른다면 한 봉지로 며칠이나 먹을 수 있을까요?

고양이 기른다는 말씀은 안 하셨잖아요. 정말 너무하세요. 이제 박사님 댁에 안 갈 거예요.

문제는 풀어 볼게요. 사료 한 봉지로 고양이 3마리가 40일을 먹어요. 그렇다면 1마리는 3×40＝120일 먹어요. 이제 표를 만들어 볼게요.

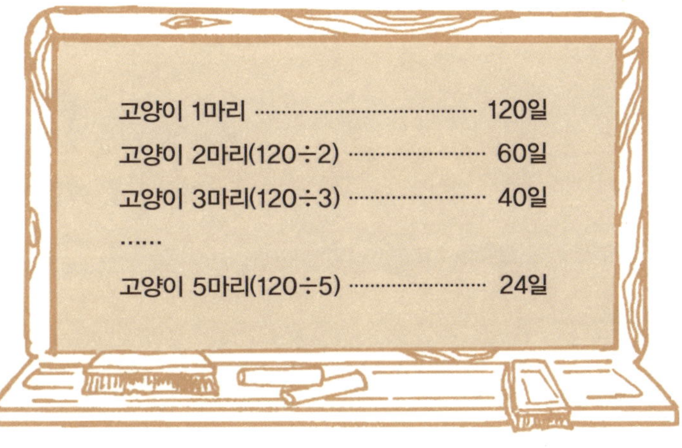
고양이 1마리 ·· 120일
고양이 2마리(120÷2) ···························· 60일
고양이 3마리(120÷3) ···························· 40일
······
고양이 5마리(120÷5) ···························· 24일

진짜 쉽지. 그럼 '하나로 생각하기'를 좀 더 확실하게 이해하기 위해 또 한 문제를 내 볼게. 그건 그렇고, 우리 고양이들은 자기 그림자만 봐도 벌벌 떠는 애들이야. 그러니 걱정 말고 놀러 와도 돼.

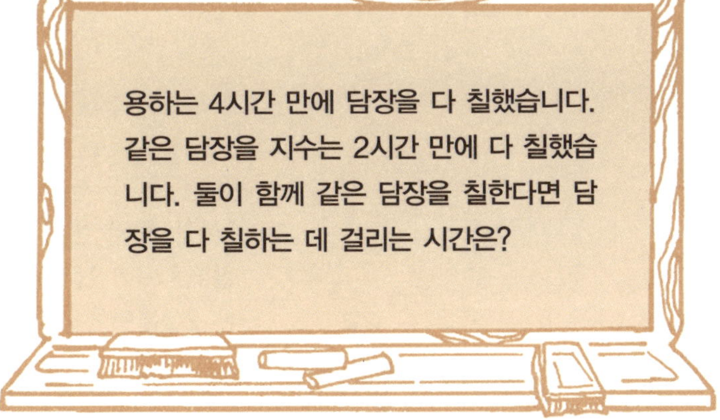
용하는 4시간 만에 담장을 다 칠했습니다. 같은 담장을 지수는 2시간 만에 다 칠했습니다. 둘이 함께 같은 담장을 칠한다면 담장을 다 칠하는 데 걸리는 시간은?

전체 담장

용하	지수	지수	

|← 1시간 동안 함께 칠한 담장 →|

이제 답을 알겠어요. 용하와 지수가 함께
담장을 다 칠하는 데 걸린 시간은 1시간
20분이에요.

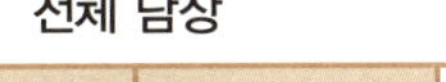
전체 담장

20분
20분
20분
1시간 동안 함께 칠한 담장

이제 어려운 문제도 풀 수
있을 것 같아요.

○ ● ○ 하나로 생각하기

1 5명의 인부가 트럭에 실려 있는 짐을 모두 내리는 데 12시간이 걸렸습니다. 6명이 짐을 내렸다면 몇 시간이 걸렸을까요?

2 산소 탱크가 폭발하자 우주 비행사 3명은 우주선과 연결된 달착륙선으로 옮겨 가기로 했습니다. 달착륙선에 있는 산소의 양은 2명이 6일 동안 버틸 수 있는 양입니다. 지구로 돌아가려면 4일이 걸립니다. 달착륙선의 산소로 지구에 도착할 때까지 3명이 버틸 수 있을까요? 그렇게 생각한 이유는 무엇인가요?

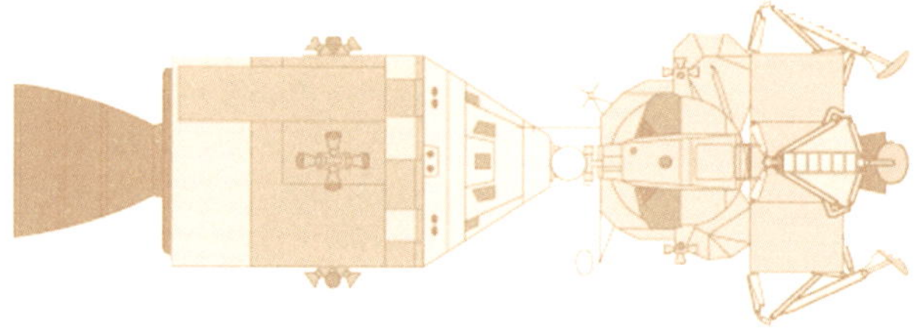

3 3명이 창고를 청소하는 데 걸린 시간은 4시간입니다. 만약 4명이 청소한다면 몇 시간이나 걸릴까요?

4 1.5m³인 구덩이를 7명이 파는 데 3시간 걸렸습니다. 이 구덩이를 2명이 판다면 몇 시간 걸릴까요?

5 선영이는 7시간 만에 담장을 다 칠했습니다. 1시간 동안 담장의 몇 분의 몇을 칠한 셈입니까?

2단계

○ ● ○ 하나로 생각하기

1 재호가 잔디 깎는 기계 자동차로 잔디밭을 깎는 데 걸린 시간은 3시간입니다. 직접 손으로 밀어서 깎는 잔디 깎는 기계로 잔디밭을 깎으면 6시간이 걸립니다.(여동생도 밀어서 잔디 깎는 기계로 잔디를 깎으면 6시간이 걸립니다.)

잔디 깎는 일을 빨리 끝내고 싶었던 재호는 자신은 잔디 깎는 자동차를 타고 여동생에게는 10달러를 주고 미는 기계로 잔디를 깎으라고 했습니다. 재호와 여동생이 함께 잔디를 깎는다면 모두 깎는 데 몇 시간이 걸릴까요?

2 민우와 다섯 친구는 2주 동안 카누 여행을 갈 수 있는 음식을 준비했습니다. 그런데 여행을 떠나기 직전에 또 한 친구가 함께 여행을 가기로 했습니다. 준비한 음식으로 며칠이나 먹을 수 있을까요?

3 12명이 터널 한 개를 파는 데 100일이 걸렸습니다. 20명이 터널 한 개를 판다면 며칠이 걸릴까요?

4 금붕어 사료 한 상자가 있으면 금붕어 3마리가 4주 동안 먹을 수 있습니다. 사료 한 상자를 금붕어 7마리가 먹는다면 며칠이나 먹을 수 있을까요?

5 3명이 사과나무 5그루에 열린 사과를 모두 따는 데 걸린 시간은 5시간입니다. 5명이 사과를 딴다면 얼마나 걸릴까요?

3단계 ○ ● ○ 하나로 생각하기

1 페인트공 4명이 집 한 채를 칠하는 데 12시간 걸렸습니다. 같은 집을 8시간 만에 칠하고 싶다면 몇 명이 필요할까요?

2 A 호스로 풀장에 물을 가득 채우는 데 걸린 시간은 4시간입니다. B 호스로 풀장에 물을 채울 때는 2시간이 걸립니다. 두 호스를 한꺼번에 사용해서 물을 받는다면 몇 시간 만에 풀장을 가득 채울 수 있을까요?

3 수영이는 2시간 만에 차에 페인트칠을 다 했습니다. 같은 차를 영수는 3시간 만에 다 칠했고 재호는 6시간 만에 다 칠했습니다. 세 사람이 모두 같이 페인트를 칠한다면 자동차를 칠하는 데 걸리는 시간은?

4 네 아이들이 커다란 피자를 12분 만에 먹었습니다. 같은 피자를 9명이 먹는다면 몇 분 몇 초 만에 먹을 수 있을까요?

5 물을 틀자 욕조가 12분 만에 가득 찼습니다. 욕조의 물을 빼자 20분 만에 물이 다 빠졌습니다. 배수구를 열어놓고 욕조에 물을 받으면 얼마 만에 가득 차게 될까요?

아인슈타인 단계

○ ● ○ 하나로 생각하기

1 배수구를 막고 수영장에 물을 가득 받는 데 4시간이 걸립니다. 배수구를 열면 5시간 만에 물이 모두 빠집니다. 이 수영장에 물을 받는데 실수로 배수구를 열어 두었습니다. 수영장에 물이 가득 차려면 몇 시간이 걸릴까요?

2 어떤 도시에서 제설기 3대로 800km 도로를 청소하는 데 14시간 걸립니다. 이 도시는 6시간 안에 눈을 청소하고 싶어 합니다. 제설기를 몇 대 더 구입해야 할까요?

3 민수는 삽으로 8분 만에 사람이 지나다니는 인도를 만들었습니다. 민수의 동생은 12분 만에 인도를 만들었습니다. 두 사람이 함께 인도를 만든다면 몇 분 걸릴까요?

4 건설 인부들은 열 달 안에 도로를 만들어야 합니다. 그렇지 않으면 5억 원을 물어 주어야 합니다. 인부 10명이 여섯 달 동안 도로의 절반을 만들었습니다. 네 달 안에 나머지 도로를 다 만들려면 인부가 몇 명 더 필요할까요?

5 민지는 4시간 만에 담장을 다 칠했고 민지의 동생은 5시간 만에 다 칠했습니다. 두 사람이 함께 담장을 칠한다면 몇 시간 걸릴까요?

슈퍼 아인슈타인 문제

10일 동안 8명의 인부가 터널을 $\dfrac{3}{8}$ 완성했습니다. 터널의 나머지 $\dfrac{5}{8}$를 $3\dfrac{1}{3}$일 만에 다 만들고 싶습니다. 인부를 몇 명 더 고용해야 할까요?

2장
2−10 방법

현우는 대학 장학금을 받기 위해 수학 시험을 쳤습니다. 문제들은 대부분 쉬웠지만 한 문제는 정말 어려웠습니다.

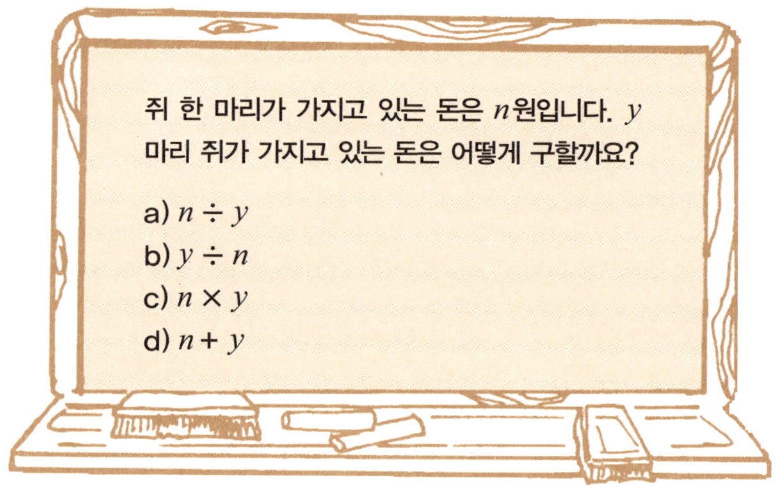

현우는 이 문제를 도무지 풀 수가 없었습니다. 아인슈타인 박사가 몇 달 전에 알려 준 방법이 생각나기 전까지는 말입니다.

2-10 방법을 사용해, 현우야.
2-10 방법을 사용해, 현우야.
긴장을 풀고
2-10 방법을 사용해.

2-10 방법은 어려운 문제를 쉽게 풀 수 있도록 도와준단다.

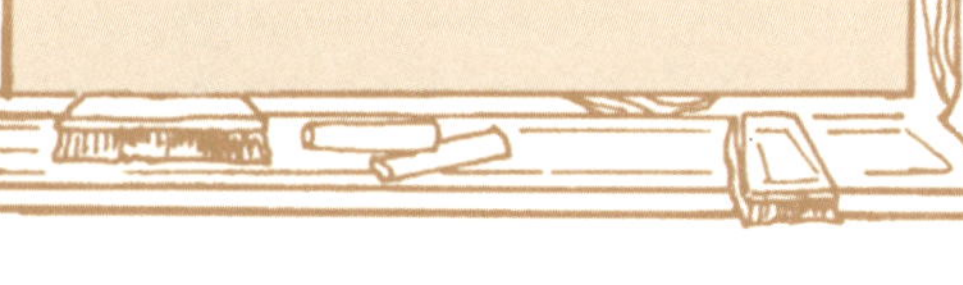

쥐 한 마리가 가지고 있는 돈은 2원입니다. 10마리 쥐가 가지고 있는 돈은 어떻게 구할까요?

문제의 작은 수에 2를 넣고 큰 수에 10을 넣으면 돼.

숫자가 나오지 않는 문제에서는 문자에 넣으면 돼. n과 y에 각각 2와 10을 넣으면 되겠다.

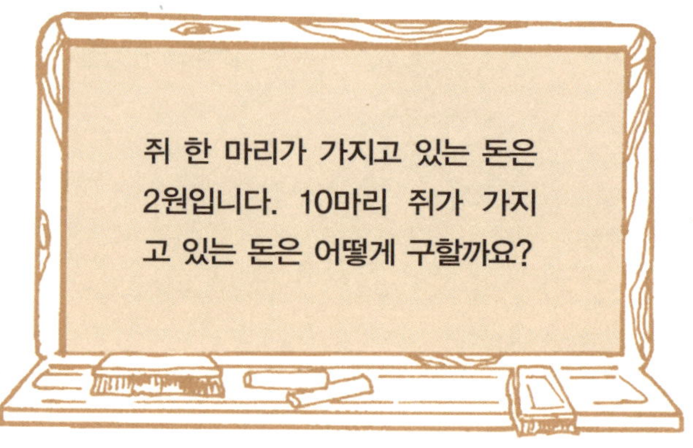

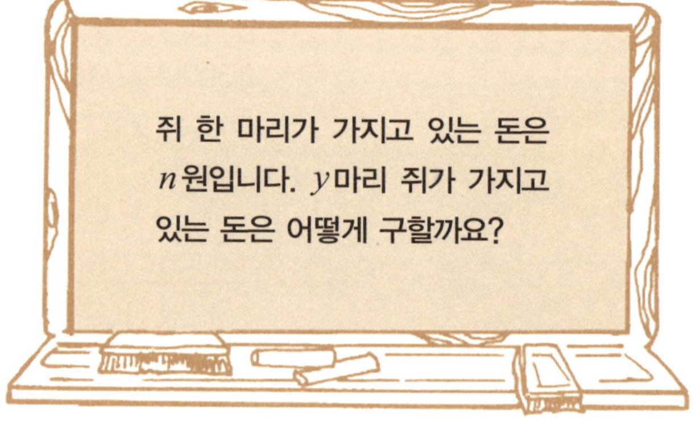

$$n \times y$$

답은 c) $n \times y$야.

이 문제는 많은 사람들이 틀린단다. 하지만 이런 문제도 2-10 방법을 이용하면 아주 쉽게 풀 수 있어.

500kg인 치즈를 $\frac{4}{5}$kg짜리 조각으로 자르면 몇 조각이 될까요?

답은 400이라고 생각했는데요, 그건 답이 아니었어요.

이런 문제도 2-10 방법을 이용하면 아주 쉽게 풀 수 있어.

10kg인 치즈를 2kg짜리 조각으로 자르면 몇 조각이 될까요?

2-10 방법을 이용하니 쉬운걸요. 10÷2 = 5조각이에요.

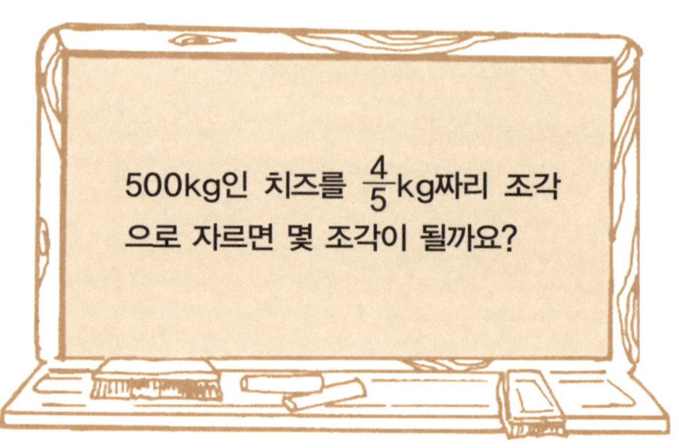

$$500 \div \frac{4}{5} = 625$$

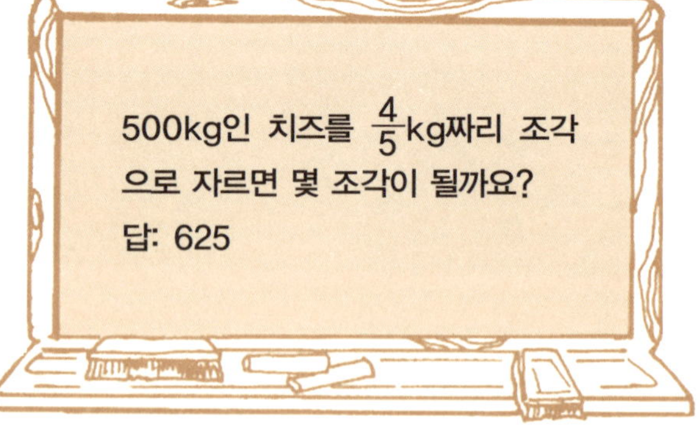

○ ● ○ 2 - 1 0 방 법

1 호두 $2\frac{1}{2}$kg의 값은 2500원입니다. 호두 1kg의 값은 얼마일까요?

2 치즈 1kg의 값은 2350원입니다. 치즈 2.45kg의 값은 얼마일까요?

3 영민이는 학예회 때 먹을 피자를 86판 샀습니다. 피자를 먹을 사람이 모두 516명이라면 한 사람이 피자를 얼마나 먹을 수 있을까요?

4 실제 거리가 6km인 곳을 0.75cm로 표시한 지도가 있습니다. 1cm는 몇 km와 같을까요?

5 동물 우리에 말 y 마리와 닭 z 마리가 있습니다. 우리 속에 들어 있는 동물들의 다리 수는 모두 몇 개일까요?

1 거대한 1200kg짜리 고기 덩어리를 $\dfrac{3}{4}$ kg씩 나누면 몇 조각이나 나올까요?

2 주안이는 1kg에 1920원 하는 다진 쇠고기를 1280원어치 샀습니다. 주안이는 다진 쇠고기를 몇 kg 샀을까요?

3 모자 한 개의 값은 x 원입니다. 그렇다면 모자 y 개의 값은 얼마일까요?

4 은수는 책을 1분에 $1\frac{1}{8}$ 쪽 읽습니다. 은수가 책을 72쪽 읽는 데 걸리는 시간은?

5 한 트럭 운전사가 7시간 45분 동안 426.25km의 속도로 운전했습니다. 이 트럭의 평균 속도는 얼마일까요?

○●○ 2-10 방법

1 탱크 한 대가 17.6km를 가는 동안 기름을 22L 썼습니다. 이 탱크의 연비는 얼마일까요? (연비는 기름 IL로 달릴 수 있는 거리를 말합니다.)

2 골수에서 만들어지는 적혈구의 수는 1초에 2800개입니다. 그렇다면 0.03125초 동안 만들어지는 적혈구의 수는 몇 개일까요?

3 6시간 동안 트럭에 페인트를 $\dfrac{5}{7}$ 칠했습니다. 이 트럭 한 대를 다 칠하는 데 걸리는 시간은?

4 천둥소리는 1초에 약 340m를 갑니다. 그렇다면 18.6초 동안에는 몇 m나 갈까요?

5 벼룩시장을 연 경주는 레코드판 N장을 한 장에 5000원씩 팔려고 합니다. 경주가 팔지 못하고 남은 레코드판이 Q장이라면 경주는 레코드판을 몇 원어치나 팔았을까요?

아인슈타인 단계

○●○ 2–10 방법

1 물이 50L 담긴 히터에서 물이 새고 있습니다. 14분마다 0.125L의 물이 샌다면 얼마 후에 물이 완전히 없어질까요?

2 부피가 800m³인 우주선에서 공기가 새고 있습니다. n분당 0.4m³의 비율로 공기가 새고 있다면 몇 분 후에 우주선의 공기가 모두 없어질까요?

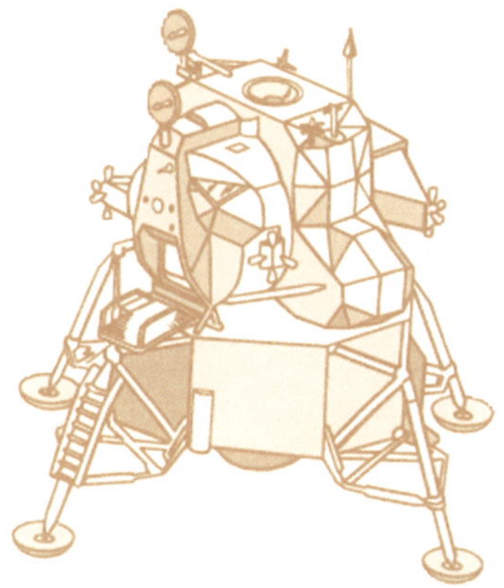

3 1m란 빛이 $\dfrac{1}{299792458}$초 동안 움직인 거리를 뜻합니다. 그렇다면 빛이 $\dfrac{1}{8}$초 동안 움직인 거리는 몇 m일까요?

4 명우는 t시간 동안 차 n대를 칠했습니다. 차 한 대를 칠하는 데 걸린 시간은 몇 시간일까요?

5 자동차 한 대가 시속 60km의 속도로 달리고 있습니다. 이 차가 $n$km 가는 데 걸리는 시간은 몇 시간일까요?

슈퍼 아인슈타인 문제

기름통에서 기름이 t시간 동안 nL의 비율로 새고 있습니다. 기름 1L의 값이 2000원이라면 m분당 흘러나오는 기름의 값은 얼마일까요?

3장
반드시 빼야 할 때가 있다

진희는 가로가 2.4m, 세로가 2m인 침실 둘레에 폭이 0.5m인 카펫을 깔고 싶었습니다. 진희가 사 와야 할 카펫의 면적은 몇 m²일까요?

이런 문제를 아주 쉽게 해
결해 주는 방법을 알아냈지.
'반드시 빼야 할 때가 있다'
법의 힘을 한번 볼까?
반드시 빼야
할 때가 있다
제일 먼저 할 일은 방의 면적을
구하는 일이야.
그건 쉬워요. 2m × 2.4m = 4.8m²예요.

그 다음에 해야 할 일은 알
겠어요. 카펫을 깔지 않은 공
간의 면적을 구해야 해요.

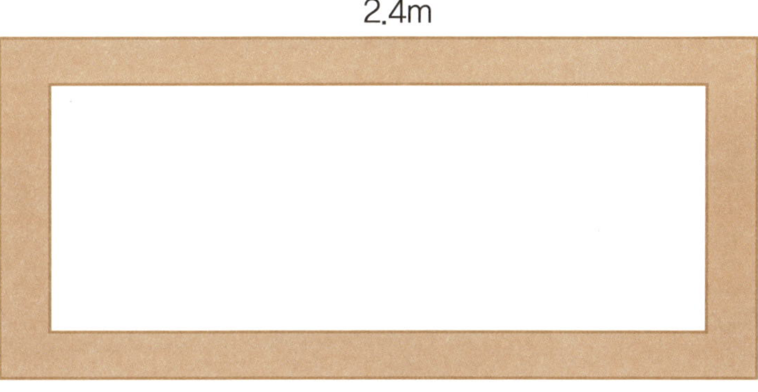
2.4m
2m

2.4m
0.5m
1.4m
0.5m
2m
0.5m
0.5m
1m

카펫 폭이 0.5m니까 가로
길이 2.4m에서 양쪽으로
0.5m씩 빼면 1.4m가 돼요.

세로 길이는 2m에서 양
쪽으로 0.5m씩 뺀 1m지.

카펫을 깔지 않은 공간의 면적은
1m×1.4m = 1.4m²예요.

그러니까 카펫의 면적은
4.8m²에서 1.4m²를 뺀
3.4m²예요.

'반드시 빼야 할 때가 있다'의 힘은 정
말 놀랍단다. 다음 문제를 풀어 보자.

　진희는 깊은 계곡을 건널 수 있는 다리에 도착했습니다. 그런데 다리 입구에는 다리를 지키는 이상한 고양이가 있었습니다. 진희는 고양이에게 다리를 건너가도 되는지 물었습니다. 그러자 고양이는 확률 문제를 맞혀야만 다리를 건널 수 있다고 했습니다.

"네가 다리를 건널 수 있는 확률이 n 이라고 하자. 다리를 건널 수 없는 확률은 얼마일까?"

위로 던진 동전의 앞면이 나올 확률: $\frac{1}{2}$

뒷면이 나올 확률: $1 - \frac{1}{2} = \frac{1}{2}$

주사위를 던졌을 때 6이 나올 확률: $\frac{1}{6}$

6이 나오지 않을 확률: $1 - \frac{1}{6} = \frac{5}{6}$

카드 상자에서 하트 에이스를 꺼낼 확률: $\frac{1}{52}$

하트 에이스를 꺼내지 않을 확률: $1 - \frac{1}{52} = \frac{51}{52}$

다리를 건널 수 있는 확률: n
다리를 건널 수 없는 확률: $1-n$

1 각 A는 몇 도일까요?

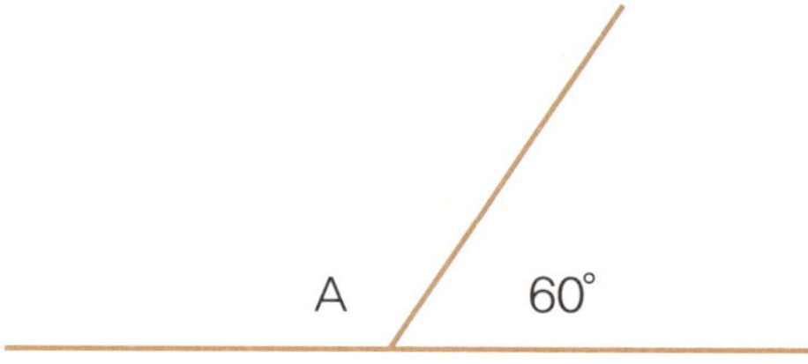

2 동전 2개를 동시에 던졌을 때 둘 다 앞면이 아닐 확률은?

3 삼각형의 각 P는 몇 도일까요?

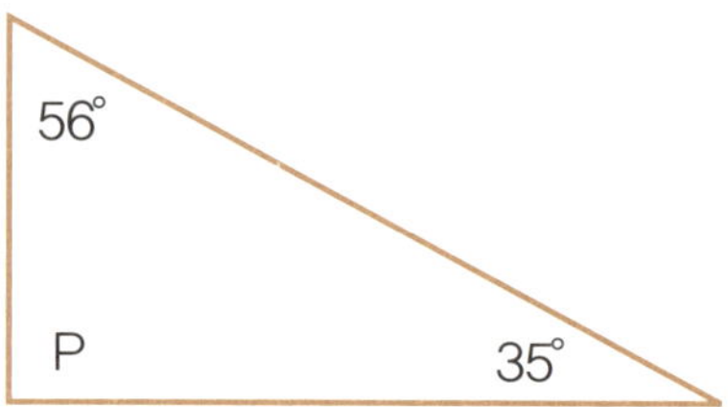

4 가로가 10cm, 세로가 5cm인 아래 직사각형에서 색칠한 부분의 면적은 몇 cm²일까요?
(가운데 흰 사각형의 길이는 가로 세로 모두 1cm입니다.)

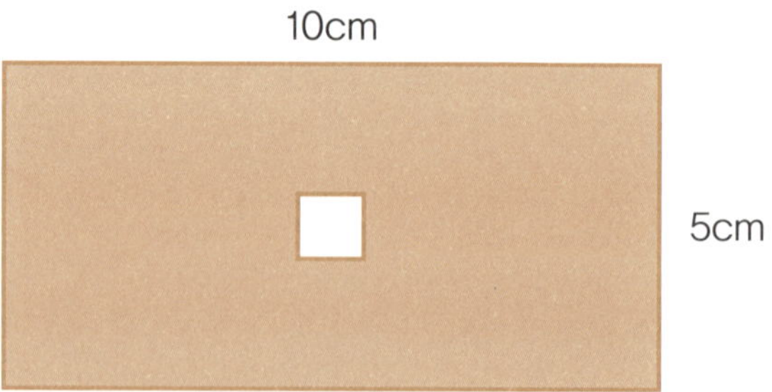

5 1년 동안 번개를 맞을 확률은 $\dfrac{1}{1000000}$ 입니다. 그렇다면 1년 동안 번개를 맞지 않을 확률은 얼마일까요?

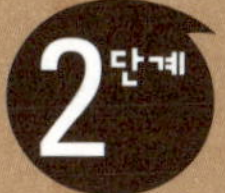

○●○반드시 빼야 할 때가 있다

1 다희는 주사위 2개를 동시에 던졌습니다. 아버지가 둘 다 6이 나오면 저녁 설거지를 해야 한다고 했기 때문입니다. 다희가 저녁 설거지를 하지 않을 확률은 얼마일까요?

2 다음 도형의 면적은 몇 cm^2일까요?

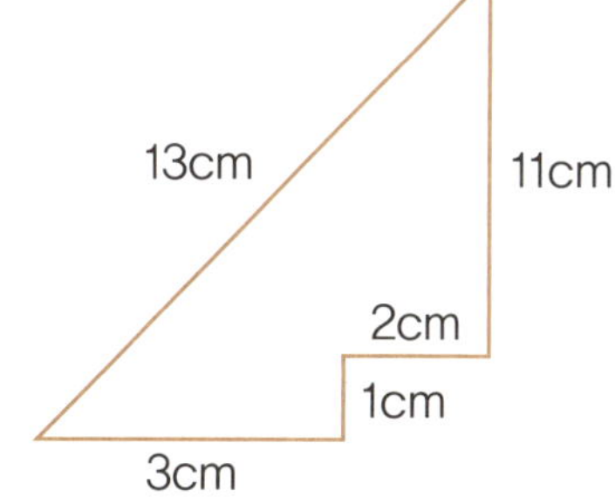

3 텔레비전 한 대의 가격은 Q원입니다. 그런데 토요일이 되면 텔레비전의 값을 20% 깎아 줍니다.(다시 말해서 0.2Q원만큼 값을 깎아 줍니다.) 토요일, 텔레비전 값은 얼마일까요? Q를 써서 나타내 보세요.

4 이길 확률이 x 라면 질 확률은 어떻게 표시할까요?(비길 확률은 없다고 가정합니다.)

5 그림의 사각형 면적은 36cm²입니다. 그림에서 색칠한 부분의 면적은 몇 cm²일까요?

1 직선 m과 p는 평행입니다. 각 x 와 각 y 의 합은 몇 도일까요?

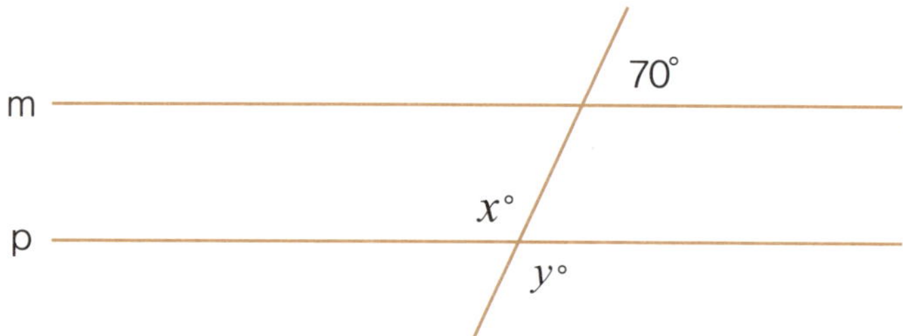

2 승규는 지름이 2.5m인 둥근 방에 페인트를 칠하기로 했습니다. 한가운데부터 페인트를 칠해 나간 승규가 지름이 0.5m인 원을 색칠하는 데 들어간 페인트의 양은 1L였습니다. 방의 나머지 부분을 칠하려면 페인트가 몇 L 더 필요할까요?

3 동현이는 가로가 240cm, 세로가 200cm인 방의 가장자리에 30cm 둘레로 카펫을 깔고 싶습니다. 동현이는 몇 cm²짜리 카펫을 사 와야 할까요?

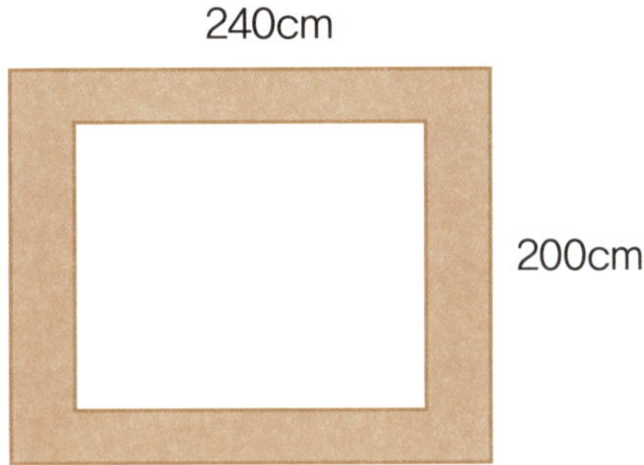

4 P는 원의 중심이고, 원의 반지름은 10cm입니다. 그림에서 색칠한 부분의 면적은 몇 cm²일까요?(P각은 90° 입니다.)

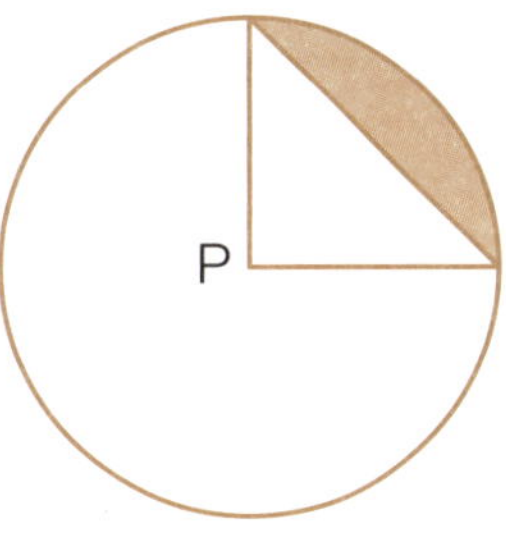

5 정사각형의 면적은 100cm²입니다. 점 A는 정사각형의 중심입니다. 도형의 색칠한 부분의 면적은 cm²일까요?

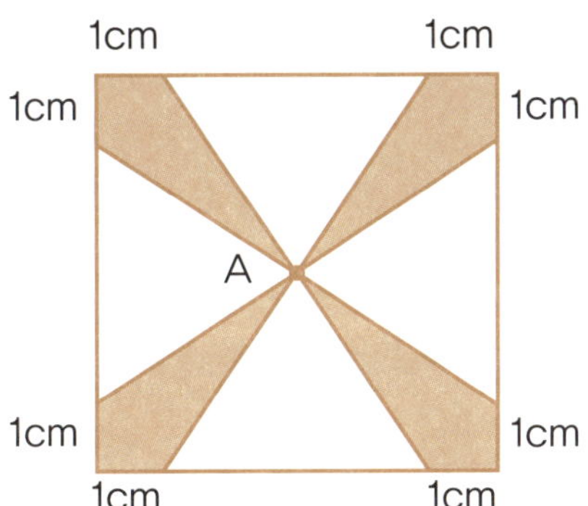

○ ● ○ 반 드 시 빼 야 할 때 가 있 다

1 남자들은 45%가 코를 골고 여자들은 25%가 코를 곤다고 합니다. 이 사실을 알게 된 어떤 박사가 이렇게 말했습니다.

"코를 고는 남성과 여성을 합해 보면 70%의 사람들이 코를 곤다는 사실을 알 수 있다." 이 박사의 말이 틀린 이유를 설명해 보세요.

2 남자들은 45%가 코를 골고 여자들은 25%가 코를 곤다고 합니다. 그렇다면 남녀 구분 없이 사람들이 코를 골 확률은 얼마나 될까요?

3 현규는 합판 한 개를 잘라 둥근 테이블 윗면을 2개 만들려고 합니다. 합판의 가로 세로 길이는 각각 40cm와 80cm이고 둥근 테이블은 윗면의 지름이 40cm가 되게 만듭니다. 합판 한 개의 값이 40000원이라면 테이블 윗면을 만들 때 버려지는 합판의 값은 얼마일까요?

4 어떤 괴상한 백만장자가 준희에게 주사위를 던져서 4가 나오면 100만 원을 주겠다고 했습니다. 돈을 받을 확률이 $\frac{1}{6}$보다는 높게 해 주고 싶었던 백만장자는 준희에게 주사위를 던질 기회를 3번 주었습니다. 3번 중에 한 번만 4가 나와도 준희는 100만 원을 받습니다. 준희가 100만 원을 받게 될 확률은 얼마일까요?

5 농부는 혜수가 1년 동안 열심히 일을 하면 10200원과 돼지 한 마리를 주겠다고 했습니다.

다섯 달 후 혜수는 일을 그만두었습니다. 그러자 농부는 다섯 달 일한 대가로 3375원과 돼지 한 마리를 주었습니다. 돼지의 값은 얼마인가요?

아래 그림처럼 가로 20cm, 세로 5cm인 직사각형 속에 똑같은 이등변삼각형 2개가 들어 있습니다.

직사각형의 가로 길이가 15cm로 줄어든다면 두 이등변삼각형이 똑같은 면적으로 겹칩니다. 두 삼각형이 겹쳐서 생긴 도형의 면적은 cm²일까요?

4장
그림 그리기

괴상한 수학자 한 명이 진희의 교실로 오더니 칠판에 문제를 적었습니다.

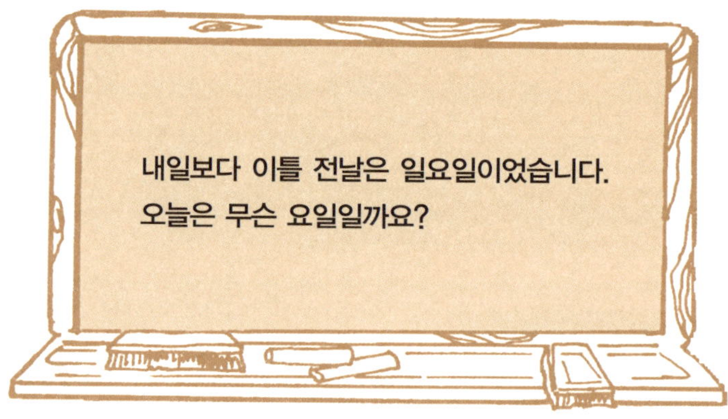

진희 반 친구들 가운데 몇 명이 손을 들어 답을 말했습니다. 괴상한 수학자는 아이들이 대답한 답을 모두 칠판에 적었습니다.

이 문제는 쉬워 보였는데, 답을 생
각해 내려니까 머리가 빙빙 돌아요.

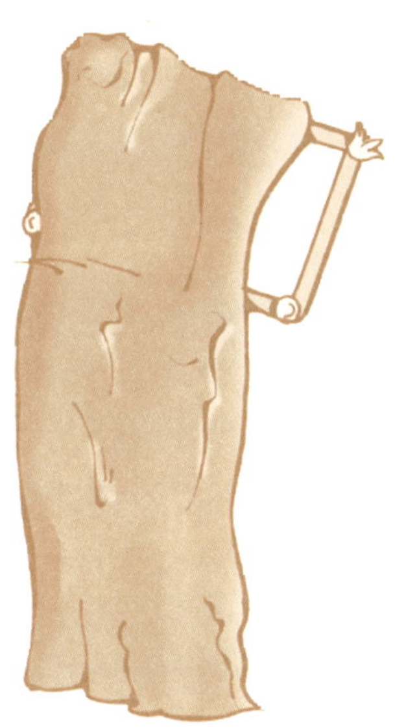

걱정하지 말거라. 아인슈타인 박사
가 이런 문제를 아주 쉽게 풀 수 있
는 방법을 알려줄 테니까 말이야.

이 괴상한 수학자, 어딘지 모르게
아인슈타인 박사와 닮았단 말이야.
어쩐지 수상한데!

			오늘			

1단계: 일주일을 나타내는 빈 칸을 7개 그린다.

2단계: 빈 칸 하나에 오늘이라고 적는다.

3단계: 오늘이라고 적은 칸 앞 칸에 어제라고 적고 뒤 칸에 내일이라고
  적는다.

		어제	오늘	내일		

4단계: 문제에서 내일보다 이틀 전날은 일요일이라고 했다. 내일이라고
적힌 칸보다 두 칸 앞에 있는 칸에 일요일이라고 적는다.

5단계: 따라서 오늘은 월요일이다.

먼저 기름이 $\frac{3}{8}$ 들어 있는 그림을 그려요.

이제 기름통이 $\frac{3}{4}$ 까지 차도록 색칠하는 거예요.

6L를 넣었으니까 한 칸이 2L라는 사실을 알겠지!

기름통에는 전부 16L를 넣을 수 있어요. 그림을 그리니까 정말 쉬워요.

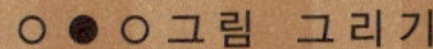

1 모레보다 3일 전은 월요일이었습니다. 오늘은 무슨 요일일까요?

2 $\frac{1}{4}$ 차 있는 기름통에 기름을 8L 더 부었습니다. 그러자 기름통이 $\frac{3}{4}$ 찼습니다. 기름통에 기름을 모두 몇 L나 넣을 수 있을까요?

3 나무판 한 개를 똑같은 길이로 3등분 하려고 합니다. 나무판을 1조각 잘라 내는 데 5분이 걸렸다면 3조각으로 잘라 내는 데 걸리는 시간은 몇 분일까요?

4 성재는 은규보다 크고 은규는 민성이보다 큽니다. 수현이는 민성이보다 크지만 성재보다는 크지 않습니다. 은규의 키가 180cm라면 수현이는 180cm보다 크다고 말할 수 있을까요?

5 집에서 출발한 재희는 서쪽으로 6km 달려간 다음 방향을 바꿔 북쪽으로 5km를 달려가고 그 곳에서 방향을 바꿔 동쪽으로 7km를 달려간 후에 남쪽으로 다시 5km만큼 달렸습니다. 재희는 집에서 얼마나 떨어져 있을까요?

1 민서는 가로 세로 길이가 모두 40m인 정원에 담장을 설치하려고 합니다. 담장 기둥을 10m마다 한 개씩 놓는다면 기둥은 모두 몇 개나 필요할까요?

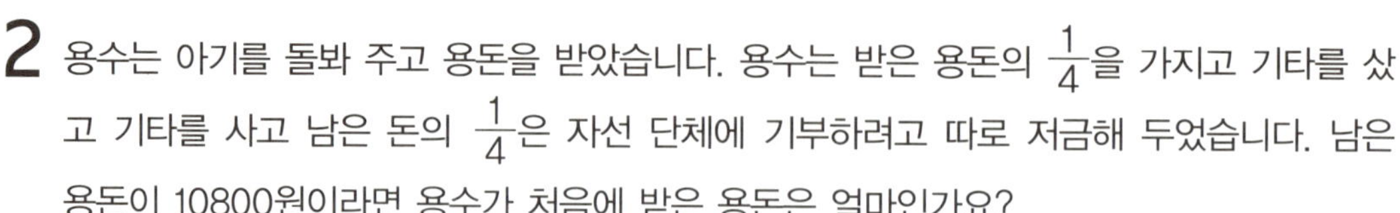

2 용수는 아기를 돌봐 주고 용돈을 받았습니다. 용수는 받은 용돈의 $\frac{1}{4}$을 가지고 기타를 샀고 기타를 사고 남은 돈의 $\frac{1}{4}$은 자선 단체에 기부하려고 따로 저금해 두었습니다. 남은 용돈이 10800원이라면 용수가 처음에 받은 용돈은 얼마인가요?

3 소리는 5초 동안 1.7km를 날아갑니다. 태현이가 바위산을 향해 소리를 지르자 20초 후에 메아리가 들려왔습니다. 바위산은 태현이가 있는 곳에서 몇 km 떨어져 있을까요?

4 길이가 10m인 담장 중앙에 개 한 마리가 길이가 2m인 밧줄에 묶여 있습니다. 이 개가 닿는 곳의 풀들은 모두 못 쓰게 됩니다. 이 개가 움직일 수 있는 풀밭의 면적은 몇 m²입니까?

5 소리는 1초에 340m를 갑니다. 소리가 $\frac{1}{5}$초 동안 갈 수 있는 거리는 얼마일까요?

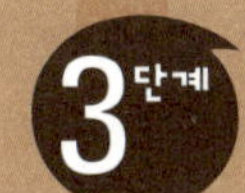

○●○그림 그리기

1 기름통이 $\frac{1}{4}$ 차 있습니다. 이 기름통에 재민이가 기름을 4L 더 붓자 $\frac{5}{8}$가 찼습니다. 기름통에 넣을 수 있는 기름의 양은 모두 몇 L입니까?

2 모레보다 4일 전날은 수요일이었습니다. 그렇다면 어제보다 13일 전날은 무슨 요일이었을까요?

3 한 로켓 발사 모임에서 12분마다 한 대씩 로켓을 발사하고 있습니다. 이 모임에서 1시간 동안 발사하는 로켓은 모두 몇 대인가요?

4 1.5m 떨어진 곳까지 둥글게 원을 그리며 물을 발사하는 물뿌리개가 있습니다. 이 물뿌리개를 가로 세로 길이가 3m인 잔디밭 한가운데 설치했습니다. 물이 닿지 않는 잔디밭의 면적은 몇 m²나 될까요?

5 가로의 길이가 세로의 길이보다 8배 긴 직사각형이 있습니다. 이 직사각형의 둘레의 길이가 126cm라면 직사각형의 세로 길이는 몇 cm일까요?

○●○ 그림 그리기

1 바다 밑에 가라앉은 난파선을 탐사하던 수아는 금이 든 커다란 자루를 발견했습니다. 수아는 자루에 든 금 가운데 절반은 어머니에게 주고 $\frac{1}{4}$ 은 아버지에게 주었습니다. 오빠와 언니에게는 각각 남은 금의 $\frac{1}{3}$ 과 $\frac{1}{2}$ 을 주었습니다. 수아는 오빠와 언니를 주고 남은 금의 반을 자선단체에 기부하기로 했습니다. 이제 수아에게는 금이 125g 남아 있습니다. 수아가 처음 발견한 금은 몇 g이었을까요?

2 미희의 집은 학교에서 60km 떨어져 있습니다. 미희가 집에서 시속 45km의 속도로 움직이면 8시 15분에 학교에 도착할 수 있습니다. 그렇다면 미희가 실제로 집에서 출발한 시각은 몇 시일까요?

3 친척 아저씨 한 분이 조카들인 유희, 민지, 다현, 지나에게 용돈을 주셨습니다. 민지는 아저씨가 주신 돈의 $\frac{1}{5}$ 을 받았고 다현이는 $\frac{1}{2}$ 을 받았습니다. 지나는 $\frac{1}{4}$ 을 받았고 유희는 나머지 돈을 받았습니다. 유희가 받은 돈이 17500원이라면 네 사람이 받은 돈은 모두 합해 얼마일까요?

4 저장 탱크는 완전히 비어 있었습니다. 낮 12시에 저장 탱크 밑에 있는 밸브를 열고 저장 탱크 위에 있는 통에 기름을 부었습니다. 기름은 1분에 2.1L씩 저장 탱크로 들어가고 열어 놓은 밸브 때문에 1분에 1.9L씩 빠져나갔습니다. 저장 탱크에 기름은 다음 날 낮 12시에 모두 찼습니다. 저장 탱크에 담긴 기름은 모두 몇 L일까요?

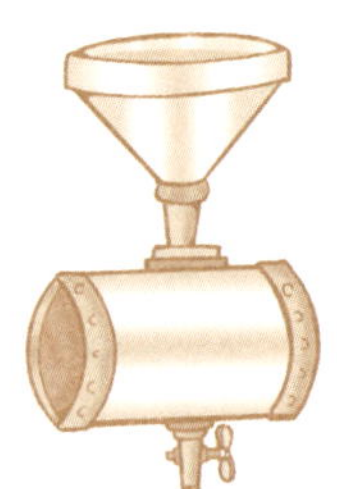

5 땅 속에 묻어 놓은 원통형 기름통의 바깥쪽에 페인트를 칠하려고 합니다. 기름통의 지름은 2m이고 높이는 3m입니다. 페인트를 칠해야 하는 총 면적은 몇 m²일까요? (기름통은 땅속에 묻혀 있기 때문에 바닥은 칠할 필요가 없습니다.)

커다란 정사각형 종이를 계속해서 반으로 접고 있습니다. 이 종이는 한 번 접으면 직사각형이 되고 또 한 번 접으면 정사각형이 되고 다시 한 번 접으면 직사각형이 됩니다. 이런 식으로 모두 13번을 접었습니다. 그러자 가로 세로 길이가 $\frac{9}{32}$cm인 정사각형이 되었습니다. 접기 전인 처음 정사각형의 한 변의 길이는 몇 cm였을까요?

5장
벤다이어그램

한 반에 학생이 45명 있습니다. 그 중에 38명은 수학을 좋아한다고 했고 27명은 역사를 좋아한다고 했습니다. 수학과 역사를 모두 좋아한다고 대답한 학생은 22명이었습니다. 그렇다면 역사와 수학을 모두 좋아하지 않는 학생은 몇 명이나 될까요?

먼저 **수학을 좋아하는 학생**과 **역사를 좋아하는 학생**을 원으로 그렸어요. 둘 다 좋아하는 학생들도 있으니 서로 겹치게 그려야 해요.

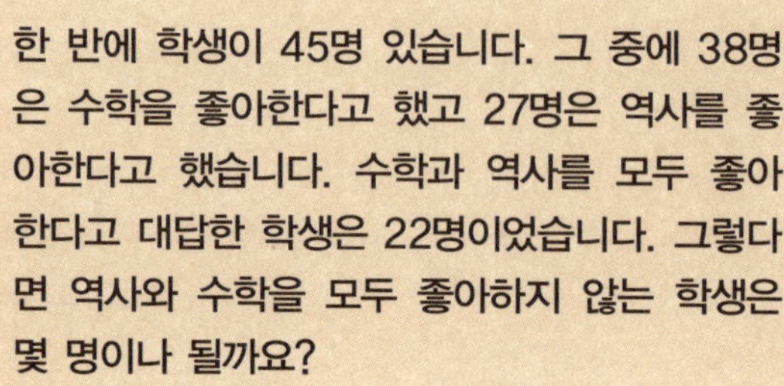
한 반에 학생이 45명 있습니다. 그 중에 38명은 수학을 좋아한다고 했고 27명은 역사를 좋아한다고 했습니다. 수학과 역사를 모두 좋아한다고 대답한 학생은 22명이었습니다. 그렇다면 역사와 수학을 모두 좋아하지 않는 학생은 몇 명이나 될까요?

두 원이 겹친 부분은 수학과 역사를 모두 좋아하는 학생들을 나타내고 있으니 그 안에 22라고 적었어요. 이 벤다이어그램 옆에 작은 원을 하나 더 그리고 ?를 적었어요. 이 원은 역사와 수학을 모두 좋아하지 않는 학생들을 표시해요.

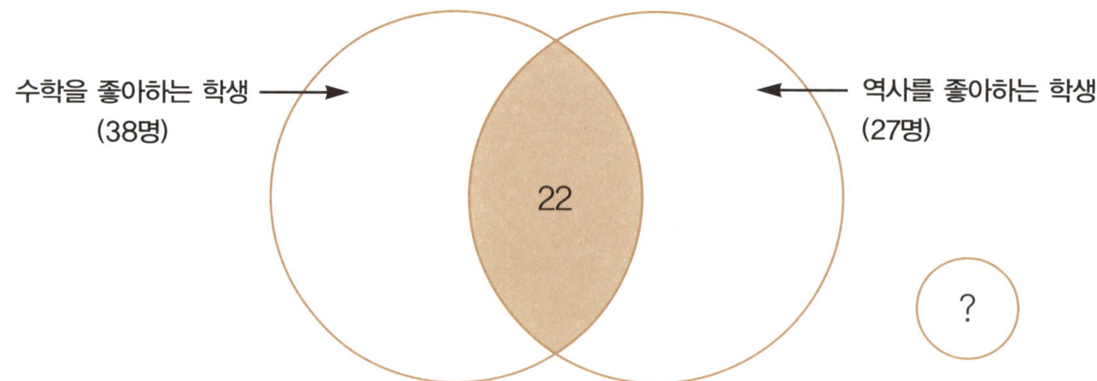
수학을 좋아하는 학생
(38명)
역사를 좋아하는 학생
(27명)
22
?

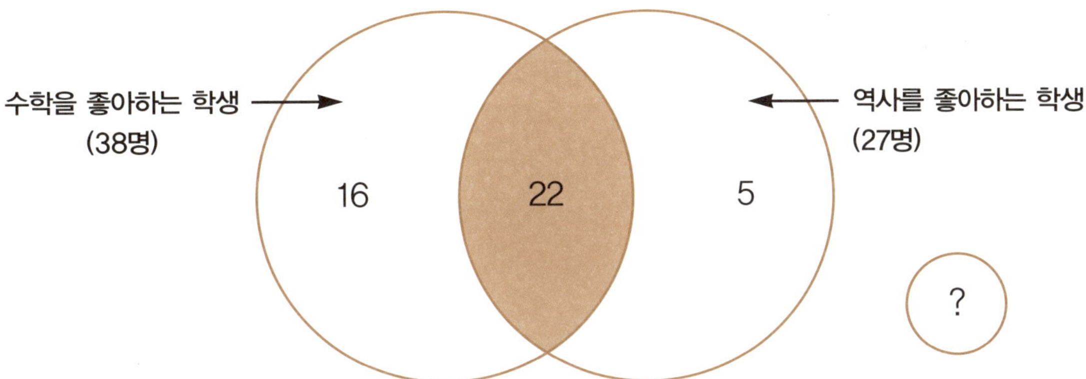

수학을 좋아하는 학생
(38명)
역사를 좋아하는 학생
(27명)
16
22
5
?

왜 이렇게 그렸는지 알겠다. **수학을 좋아하는 학생**은 38명이야. 그 중에 22명은 벌써 원이 겹치는 부분에 적혀 있으니 왼쪽 원에는 16을 적으면 되겠다.

역사를 좋아하는 학생 원에도 같은 식으로 적으면 돼. 27명 중에 22명은 벌써 겹치는 부분에 적었으니까 오른쪽 원에는 5를 적으면 돼.

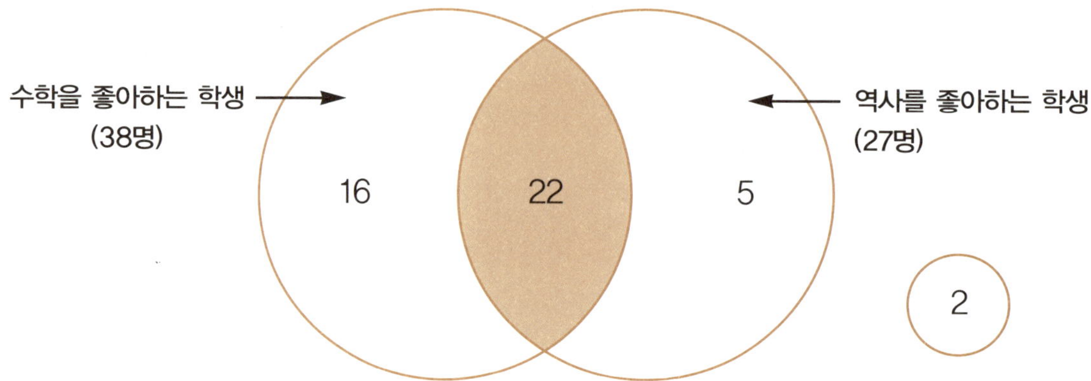

수학을 좋아하는 학생
(38명)
역사를 좋아하는 학생
(27명)
16
22
5
2

이 벤다이어그램에 적은 수를 모두 합하면 16＋22＋5＝43명이 돼요. 하지만 총 학생 수는 45명이죠. 따라서 벤다이어그램 밖에 있는 작은 원에 들어갈 숫자는 2예요. 정말 재미있어요!

벤다이어그램은 1834년에 태어난 존 벤이라는 수학자의 이름을 땄단다.

이 문제도 벤다이어그램을 이용해야 해. 그런데 조금 푸는 방법이 달라. 색칠한 부분에 들어갈 숫자는 과연 뭘까?

한 반에 학생이 50명 있습니다. 그 중에 사과를 가져온 학생이 30명, 오렌지를 가져온 학생이 14명입니다. 학교에 사과와 오렌지를 모두 가져오지 않은 학생이 18명이라면 사과와 오렌지를 둘 다 가져온 학생은 모두 몇 명일까요?

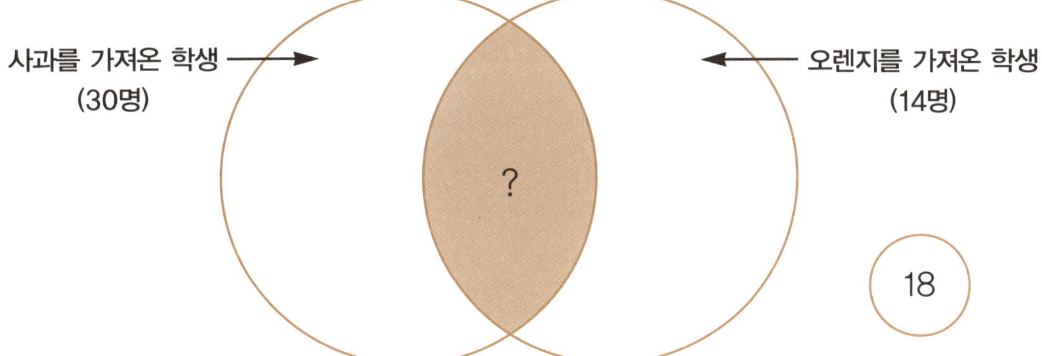
사과를 가져온 학생
(30명)
오렌지를 가져온 학생
(14명)
?
18

30 + 14 + 18 = 62명이네요. 하지만 학생들은 50명밖에 없어요. 따라서 12명이 둘 다 가져온 거예요.

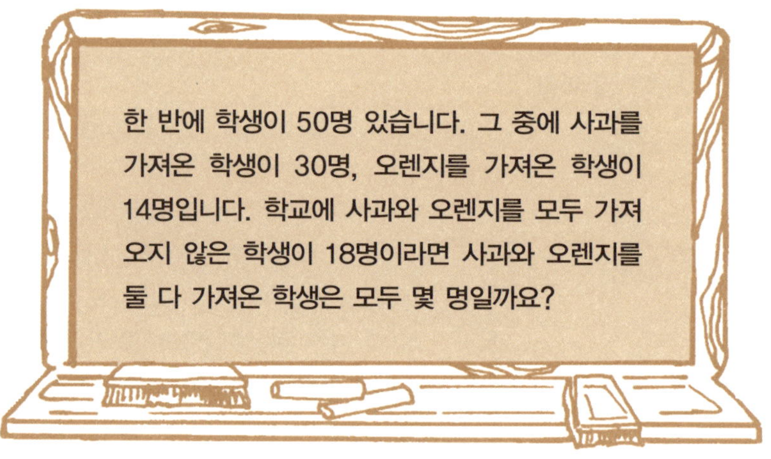

한 반에 학생이 50명 있습니다. 그 중에 사과를 가져온 학생이 30명, 오렌지를 가져온 학생이 14명입니다. 학교에 사과와 오렌지를 모두 가져오지 않은 학생이 18명이라면 사과와 오렌지를 둘 다 가져온 학생은 모두 몇 명일까요?

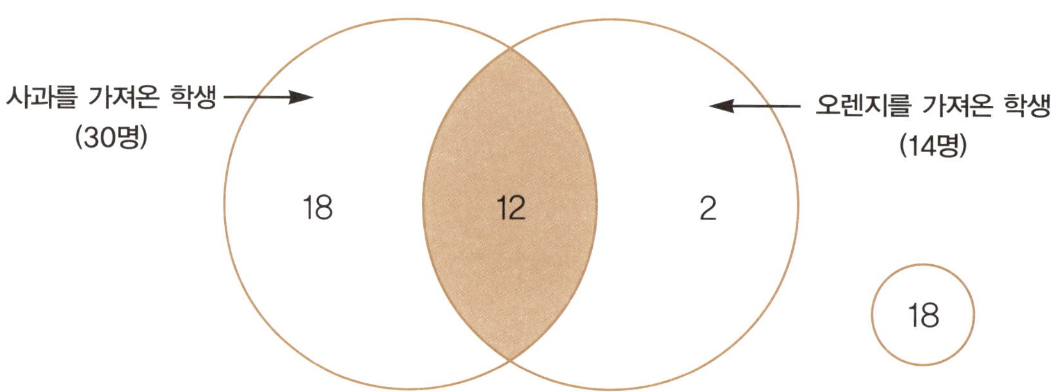

사과를 가져온 학생
(30명)
오렌지를 가져온 학생
(14명)
18
12
2
18

색칠한 부분에 12를 넣고 계산해 보니 18 + 12 + 2 + 18 = 50이 되는구나. 이번에도 벤다이어그램이 대단한 활약을 했는걸!

○ ● ○ 벤 다 이 어 그 램

1 다음에 나오는 물건들을 벤다이어그램에 맞게 집어넣어 보세요.

바나나   딸기
사과   정지 신호
오렌지   홍관조

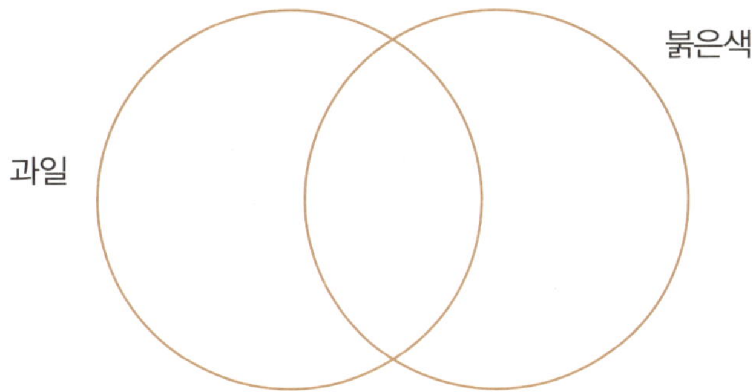

2 아래는 지우의 애완동물과 지선의 애완동물을 표시한 벤다이어그램입니다. 색칠한 부분에 들어갈 동물들은 무엇일까요?

지우의 애완동물: 물고기, 고양이, 흰 담비, 개, 말, 미국 너구리
지선의 애완동물: 고양이, 기니피그, 개, 생쥐

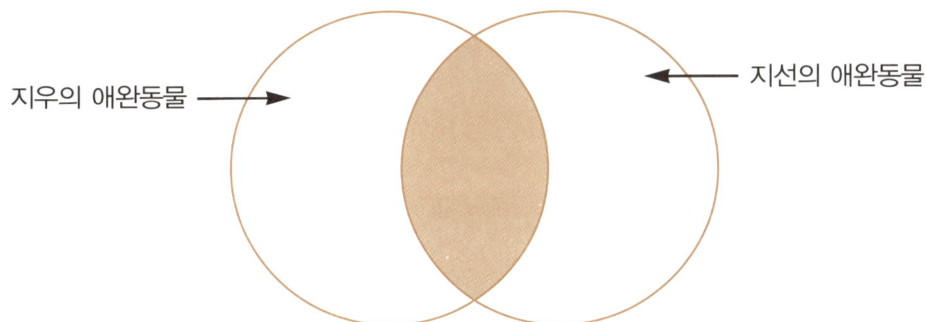

3 한 반 친구들에게 좋아하는 미식 축구팀에 대해서 물었습니다. 반 친구들 중에 18명은 시카고 베어즈를 좋아한다고 했고 19명은 그린 베이 팩커즈를 좋아한다고 했습니다. 두 팀 모두 좋아한다고 대답한 친구들이 5명이라면 반 학생들은 모두 몇 명일까요?

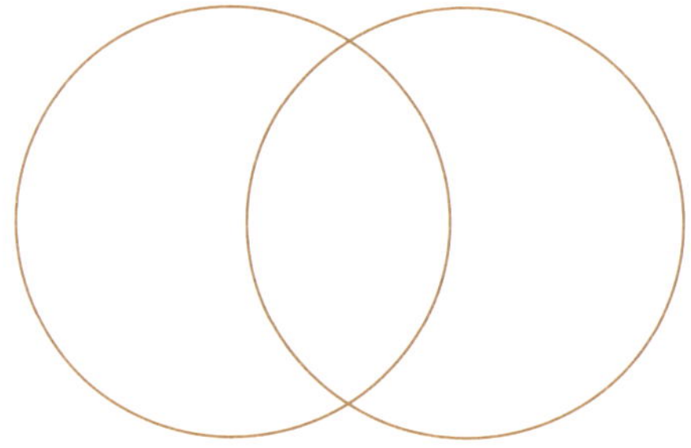

4 축구부에 오른발로 공을 차는 선수가 18명, 왼발로 공을 차는 선수가 5명, 양발로 공을 차는 선수가 2명 있습니다. 축구부원은 모두 몇 명일까요?

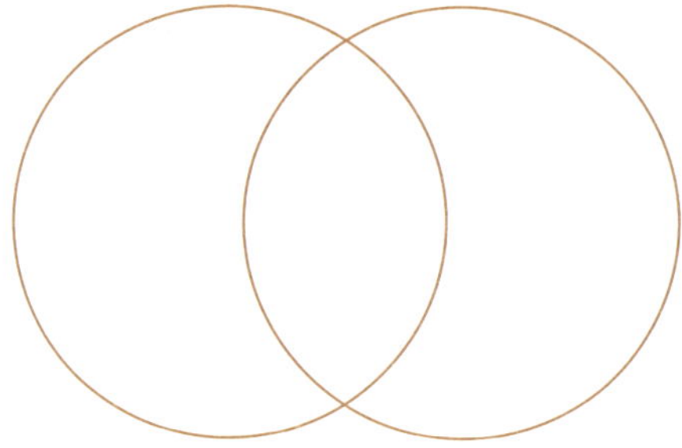

5 윤서 반 학생 중 수학을 좋아하는 학생은 18명, 영어를 좋아하는 학생은 15명입니다. 두 과목을 모두 좋아하는 학생은 11명이고 두 과목 모두 좋아하지 않는 학생은 3명입니다. 윤서 반 학생은 모두 몇 명일까요?

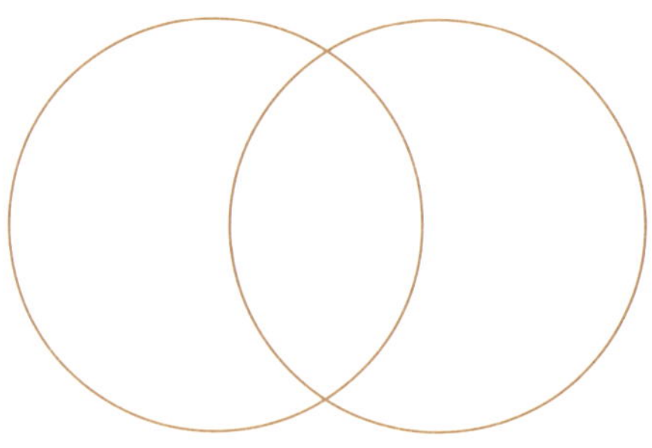

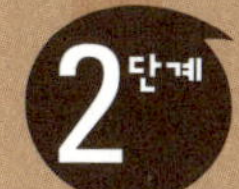

○ ● ○ 벤 다 이 어 그 램

1 한 반에 학생이 48명 있습니다. 25명은 피자 토핑으로 버섯을 좋아하고 32명은 소시지를 좋아합니다. 버섯과 소시지를 모두 좋아하는 학생이 15명이라면 둘 다 좋아하지 않는 학생은 몇 명일까요?

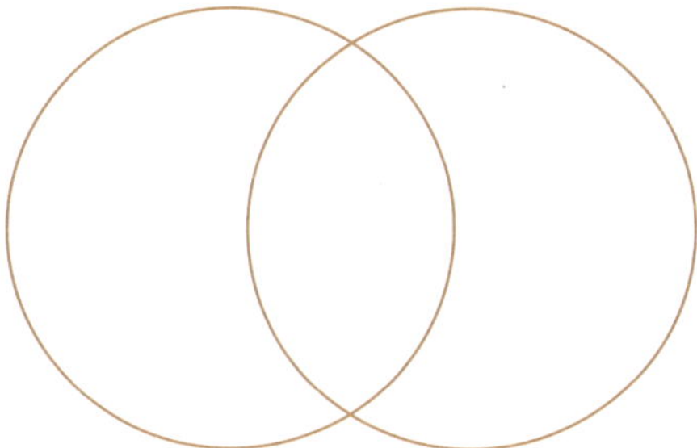

2 동물 우리에 개가 48마리 있습니다. 그 중에 11마리는 벼룩이 있고 6마리는 회충이 있고 3마리는 회충과 벼룩이 모두 있습니다. 벼룩과 회충이 없는 개는 몇 마리일까요?

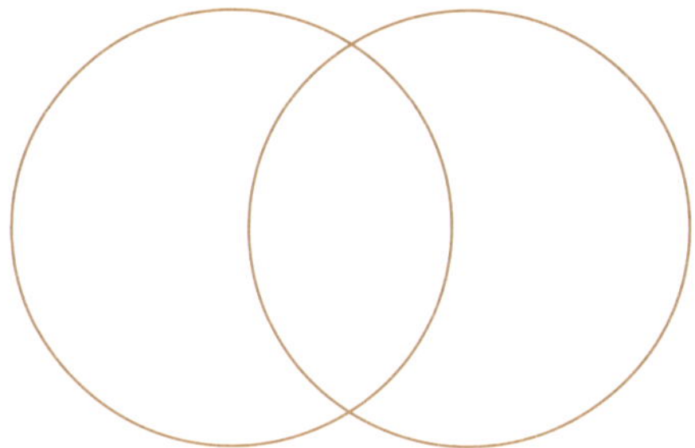

3 고양이나 개를 애완동물로 기르고 있는지 알아보기 위해 100명에게 설문지를 보냈습니다. 그러자 28명이 답장을 보내왔습니다.

개를 기르는 사람: 5명
고양이를 기르는 사람: 13명
개와 고양이를 모두 기르는 사람: 3명
둘 다 기르지 않는 사람: ?

답장을 보내온 사람 중 개와 고양이를 한 마리도 기르지 않는다고 대답한 사람은 몇 명일까요?

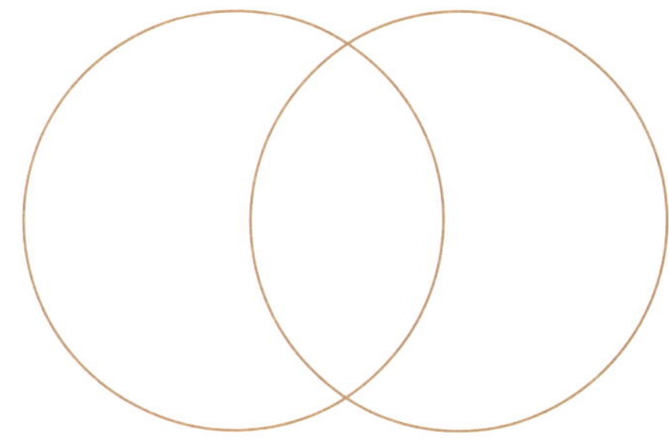

4 다음은 영수와 재준이와 은규가 기르고 있는 애완동물들입니다. 색칠한 부분에 들어갈 동물들은 무엇일까요?

영수가 기르는 동물: 개구리, 개, 고양이, 물고기, 생쥐, 돼지
재준이가 기르는 동물: 생쥐, 흰 담비, 물고기
은규가 기르는 동물: 물고기, 뱀, 생쥐, 돼지, 앵무새

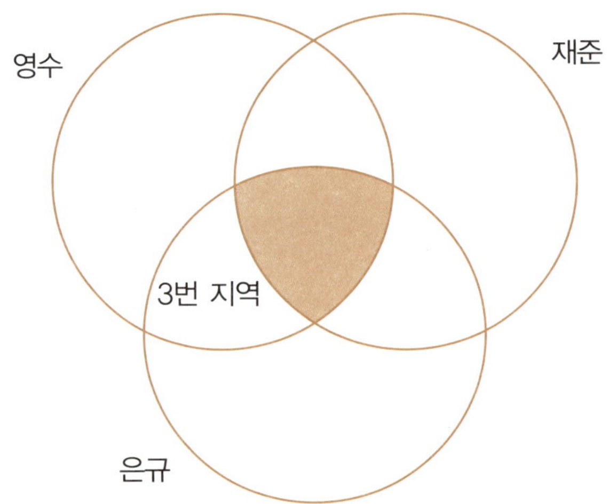

5 문제 4번의 벤다이어그램에서 3번 지역에 들어갈 동물들은 무엇일까요?

○ ● ○ 벤 다 이 어 그 램

1 색칠한 부분에 들어갈 사변형은 무엇일까요?

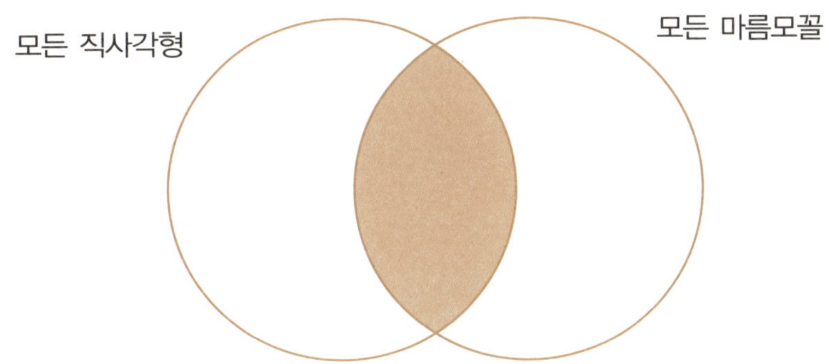

2 A, B, C에 들어갈 알맞은 말을 고르시오.

부등변삼각형
이등변삼각형
정삼각형

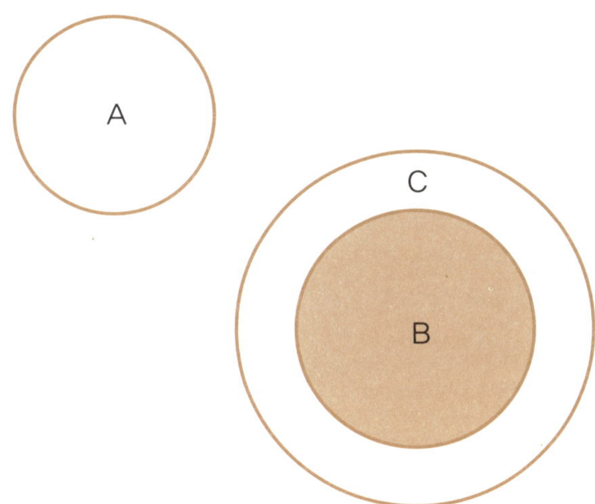

3 다음 벤다이어그램에서 색칠한 부분에 들어갈 숫자들은 무엇일까요?

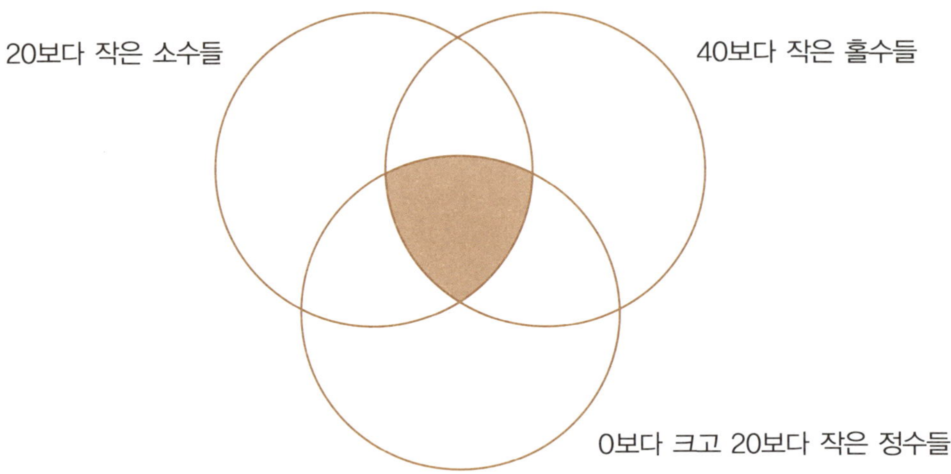

4 다음 동물들을 아래 벤다이어그램의 적당한 칸에 적어 넣어 보세요.

> ✓**힌트** 색칠한 부분을 포함하고 있는 A에는 물속과 물위를 자유롭게 드나들면서 날아다닐 수 있는 동물을 적어야 합니다. 색칠한 부분에는 A에 속하는 동시에 땅위에서 활동할 수 있는 동물을 적어야 하며 A의 흰 여백에는 물속과 물위로 자유롭게 드나들면서 날아다니기는 하지만 땅에서 살거나 땅위로는 올라오지 못하는 동물을 적어야 합니다.

물고기, 거위, 참돌고래,
야생 칠면조, 미국 악어,
붉은가슴울새, 범고래,
개구리, 아프리카 악어,
고양이, 물개, 두꺼비,
오리, 개, 펭귄, 바다사자

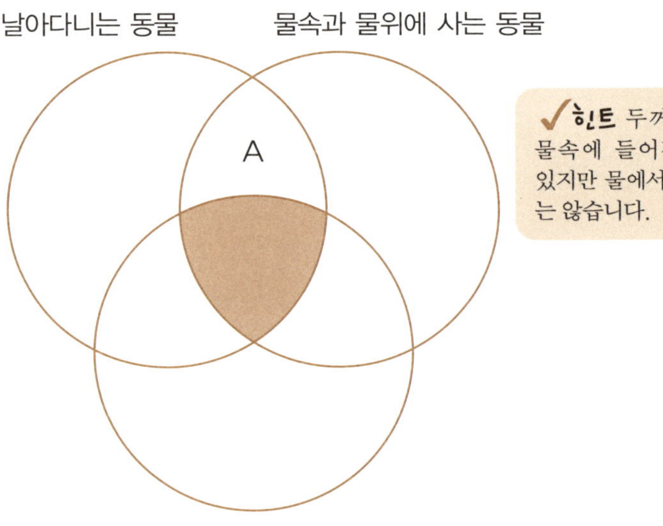

> ✓**힌트** 두꺼비는 물속에 들어갈 수 있지만 물에서 살지는 않습니다.

5 한 도시에서 사업장이 문을 닫는 이유를 조사하고 있습니다. 아래 조사 내용을 보고 벤다이어그램에 적어 보세요.

위치가 좋지 않아 문을 닫은 곳: 42곳

불친절해서 문을 닫은 곳: 13곳

쥐가 들끓어서 문을 닫은 곳: 9곳

불친절하고 쥐가 들끓어서 문을 닫은 곳: 7곳

위치가 좋지 않고 쥐가 들끓어서 문을 닫은 곳: 4곳

위치가 좋지 않고 불친절해서 문을 닫은 곳: 9곳

위치가 좋지 않고 불친절하고 쥐가 들끓어서 문을 닫은 곳: 3곳

> ✓힌트 색칠한 부분이 포함되어 있는 B는 장소가 나쁘고 불친절해서 문을 닫은 곳을 적어야 합니다. 색칠한 부분은 세 가지 이유가 모두 해당되어 문을 닫은 곳입니다. B의 흰 여백에는 장소가 나쁘고 불친절했지만 쥐는 없었던 곳의 수를 적어야 합니다.

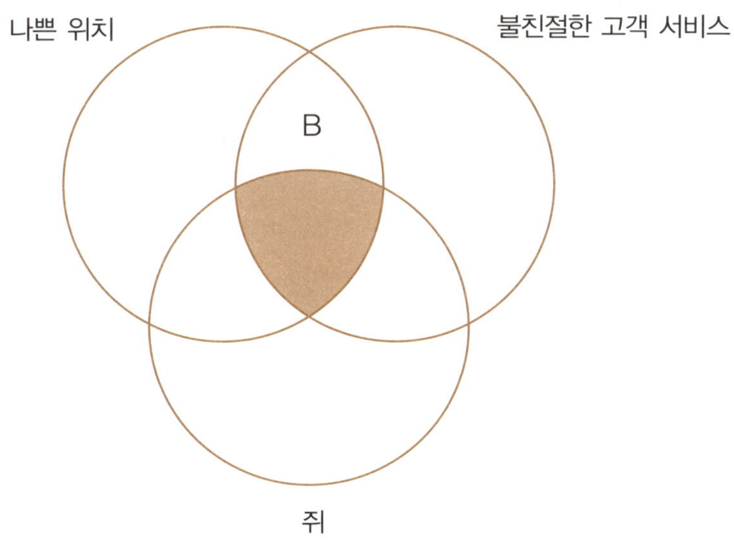

아인슈타인 단계

○ ● ○ 벤 다 이 어 그 램

1 아래 정보를 보고 동물 우리에는 개가 몇 마리 있는지 맞혀 보세요.

기생충이 없는 개: 17마리

벼룩이 있는 개: 10마리

회충이 있는 개: 9마리

진드기가 있는 개: 8마리

벼룩과 진드기가 있는 개: 2마리

회충과 벼룩이 있는 개: 4마리

진드기와 회충이 있는 개: 4마리

벼룩과 진드기와 회충이 모두 있는 불쌍한 개: 1마리

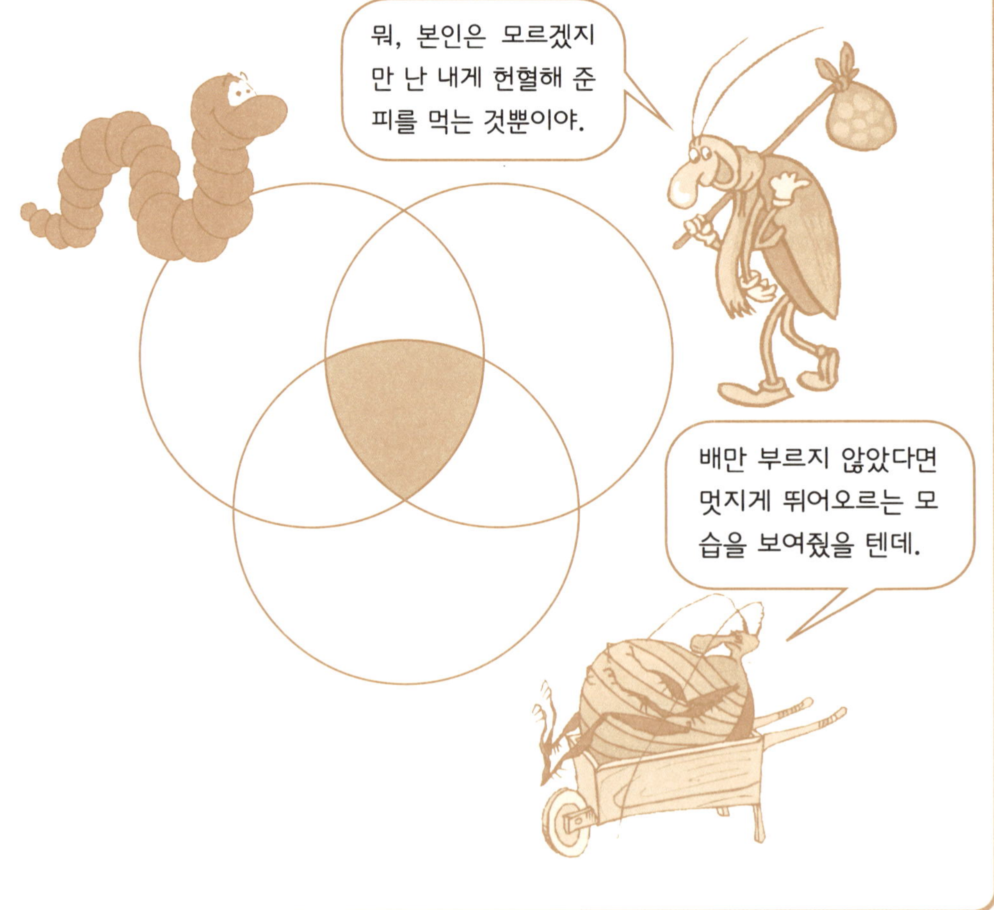

2 30명의 학생이 소설 3권을 읽어 오라는 방학 과제를 받았습니다. 소설의 제목은 『폭풍의 언덕』, 『제인 에어』, 『위대한 유산』이었습니다.

방학이 끝나고 선생님이 숙제를 검사했습니다. 그런데 숙제를 하지 않은 학생이 많이 있었습니다.

『제인 에어』를 읽은 학생: 14명
『폭풍의 언덕』을 읽은 학생: 12명
『위대한 유산』을 읽은 학생: 10명
3권을 모두 읽은 학생: 3명
『제인 에어』와 『폭풍의 언덕』을 읽은 학생: 8명
『제인 에어』와 『위대한 유산』을 읽은 학생: 5명
『위대한 유산』과 『폭풍의 언덕』을 읽은 학생: 6명

그렇다면 한 권도 읽지 않은 학생은 몇 명이나 될까요?

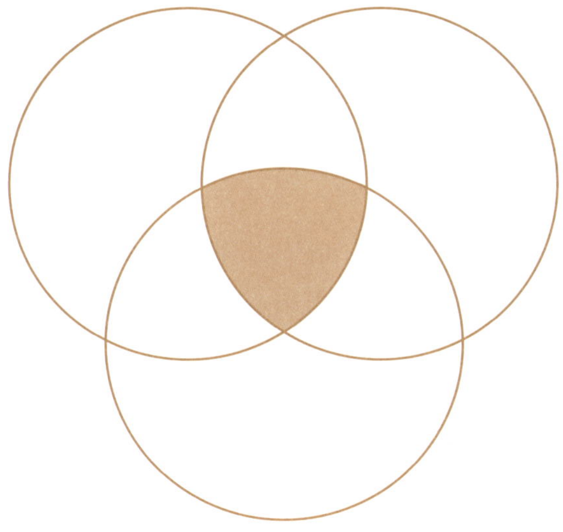

3 한 학급에서 붉은색과 푸른색, 녹색 가운데 학교 깃발을 칠할 색을 정하는 투표를 실시했습니다. 8명이 붉은색에 투표했고 15명이 녹색, 11명이 푸른색에 투표했습니다. 붉은색과 녹색을 모두 택한 아이들은 3명이었고 푸른색과 붉은색을 택한 아이들은 2명이었습니다. 푸른색과 녹색을 택한 아이들은 6명이고 세 가지 색에 모두 투표한 아이는 1명이었습니다. 또한 6명은 한 가지 색도 택하지 않았습니다. 그렇다면 이 반 학생은 모두 몇 명일까요?

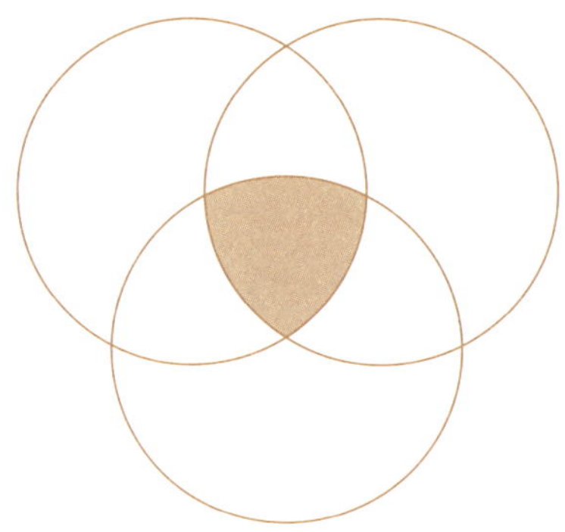

4 같이 모여 스페인어를 공부하는 아이들이 여름 방학 때 여러 나라를 다녀왔습니다. 스페인에 갔다 온 아이들은 11명, 코스타리카에 다녀온 아이들은 19명, 멕시코에 다녀온 아이들은 24명입니다. 코스타리카와 스페인에 다녀온 아이들은 5명이고 코스타리카와 멕시코를 다녀온 아이들은 6명입니다. 스페인과 멕시코에 다녀온 아이들은 8명, 세 나라를 모두 다녀온 아이들은 4명입니다. 같이 모여 스페인어를 공부하는 학생들이 모두 47명이라면 한 곳도 다녀오지 않은 아이들은 몇 명일까요?

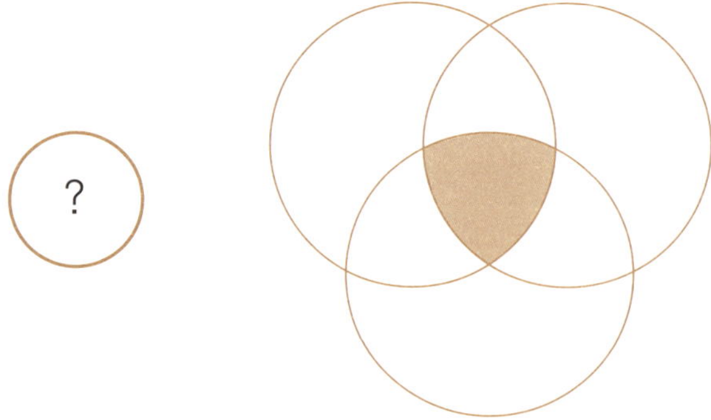

5 1950년대 아이들은 지금은 잘 걸리지 않는 병에 많이 걸렸습니다. 1950년대 75명의 아이들에게 홍역, 풍진, 백일해에 걸렸던 적이 있는지 물어봤습니다. 다음은 그 결과입니다.

홍역: 46명

백일해: 31명

풍진: 45명

풍진과 홍역: 25명

백일해와 홍역: 24명

백일해와 풍진: 22명

백일해, 풍진, 홍역을 한 번도 앓은 적이 없는 아이들: 8명

백일해, 풍진, 홍역을 모두 걸려 본 아이들: ?

백일해, 풍진, 홍역에 모두 걸린 적이 있는 아이들은 몇 명일까요?

✔ **힌트** 색칠한 부분을 n이라고 합시다.

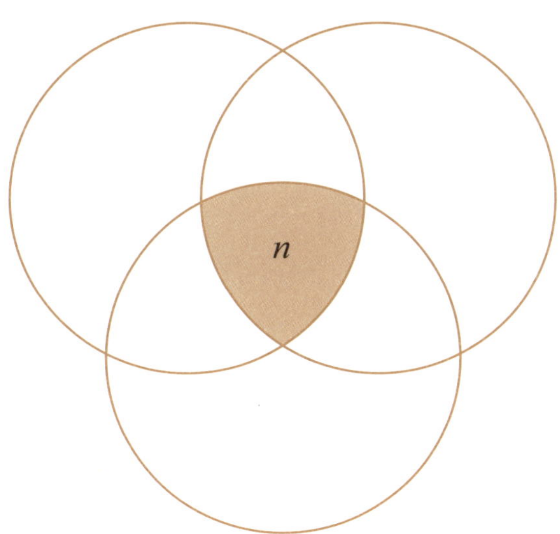

슈퍼 아인슈타인 문제

각 도형을 적당한 곳에 적어 넣으세요.

- 다각형
- 사변형
- 평행사변형
- 마름모
- 정사각형
- 직사각형
- 사다리꼴
- 삼각형
- 정삼각형
- 이등변삼각형

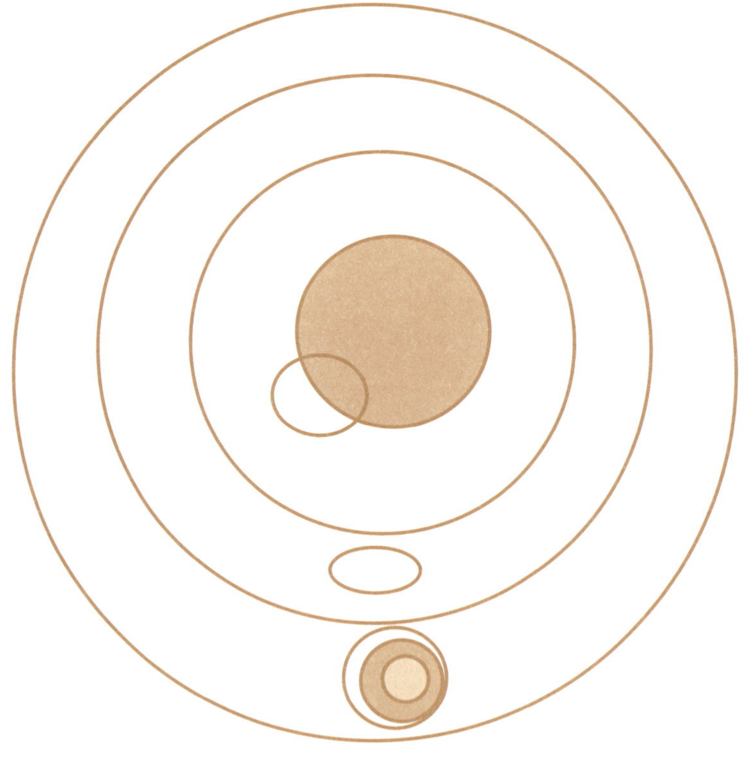

6장
대수학의 언어

외국에 가기 전에 미리 그 나라 말을 배워 두면 도움이 많이 됩니다. 이제 여러분은 대수학의 세계로 들어가야 합니다. 따라서 대수학의 세계로 들어가기 전에 대수 언어를 배우는 것이 정말 중요합니다.

대수 언어를 배우면 대수가 아주 쉽다는 사실을 알고 깜짝 놀랄걸.

애완동물 가게에 있는 고양이가 몇 마리 있는지 모를 때 어떻게 말하면 좋을까?

고양이네

알아요. '몰라'라고 하면 되지요.

물론 모른다고 해도 되겠지만 대수 언어로는
모른다고 하지 않고 글자를 써서 말한단다.
고양이의 수를 n이라고 해 보자.

고양이의 수: n
고양이들 다리 개수:
고양이들 눈 개수:
고양이들 꼬리 개수:

이제 고양이들의 다리와 눈, 꼬리의
수를 대수 언어로 바꿔 보자. 진짜
누워서 떡 먹기야.

고양이가 5마리 있다면 다리는 모두 5×4 = 20개야. 따라서 고양이가 n마리 있다면 다리는 n×4 = 4n개가 되지.

고양이의 수: n
고양이들 다리 개수: 4n
고양이들 눈 개수: 2n
고양이들 꼬리 개수: n

고양이들의 눈과 꼬리의 수를 구할 때도 그렇게 하면 된단다.

이 상자 속에는 쥐가 몇 마리 있어. 몇 가지 정보를 대수 언어로 바꾸고 싶은데.

쥐의 수: n
쥐들 눈 개수 : 2n
쥐들 다리 개수: 4n
쥐들 발가락 개수: 20n
쥐들 폐 개수: 2n

물의 양: n갤런
쿼트: $4n$
파인트:
컵:
온스:

물의 양: n 갤런

쿼트: $4n$

파인트: $8n$

컵:

온스:

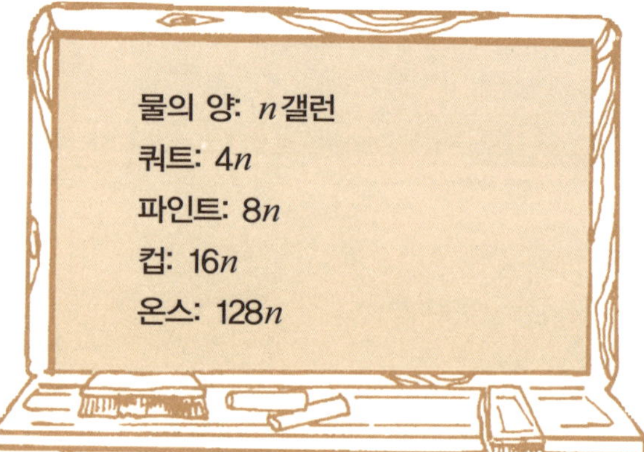

물의 양: n 갤런

쿼트: $4n$

파인트: $8n$

컵: $16n$

온스: $128n$

대수 언어로 쉽게 바꿀 수 있는 비법이 있지!

$n$cm가 대수 언어로 몇 m인지 알고 싶다면 100cm가 몇 m인지를 생각해 보면 돼. 100÷100 = 1m지.

와! 어떻게 해야 하는지 알겠어요. 100 대신에 n을 넣으면 되는 거예요!

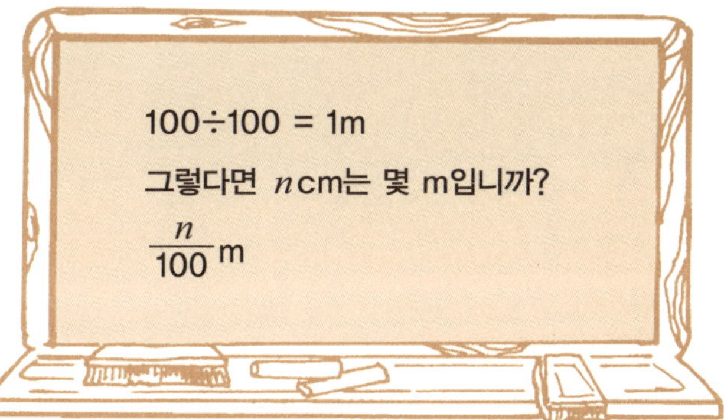

100÷100 = 1m
그렇다면 $n$cm는 몇 m입니까?
$\dfrac{n}{100}$ m

1단계

1 바위가 nm 굴러갔습니다. 이 바위는 몇 dm(데시미터) 굴러간 셈일까요?

2 민우의 기름통에는 기름이 nkL 들어갑니다. 이 기름통에는 기름이 몇 mL나 들어갈까요?

3 n일 동안 방학을 합니다. 몇 시간 동안 방학을 하는 셈일까요?

4 우현이의 키는 n m입니다. 몇 cm일까요?

5 1989년 민준이의 나이는 유나의 나이보다 3배 많았고 유나의 나이는 재선이의 나이보다 3배 많았습니다. 재선이의 나이가 n 이라면 유나와 민준이의 나이는 각각 얼마일까요?

대수 언어
재선이의 나이: n
유나의 나이:
민준이의 나이:

6 유현이가 n km를 걸었습니다. 몇 m 걸었나요?

대수 언어
유현이가 걸은 거리(km): n
유현이가 걸은 거리(m):

7 몇 개인지 모르는 100원짜리 동전은 10원짜리 동전으로 몇 원일까요?

대수 언어
100원짜리 동전의 수: n
10원짜리로 환산한 돈의 액수:

8 영훈이가 시속 50km의 속도로 움직이고 있습니다. n시간 동안 영훈이는 몇 km를 갔을까요?

대수 언어
속도: 50km/시간
시간: n시간
거리:

9 원의 지름이 n일 때 원주는 얼마일까요?

대수 언어
지름: n
원주:

10 연속한 숫자가 5개 있습니다. 그 중에 가장 작은 수를 n이라고 하면 가장 큰 수는 몇일까요?

대수 언어
가장 큰 수:
다음 수:
다음 수:
다음 수:
가장 작은 수: n

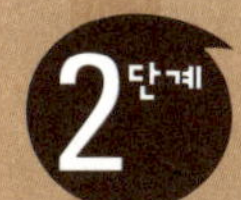 **2** 단계

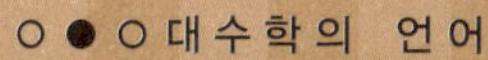

1 축구공이 n dm(데시미터) 날아갔습니다. 이 축구공은 몇 m 날아간 셈인가요?

대수 언어
dm: n
m:

2 지민이가 n km 달려갔습니다. 몇 mm 달려갔나요?

대수 언어
km: n
mm:

3 연속된 5의 배수 4개의 합은 얼마인가요?(가장 작은 수를 n이라고 합시다.)

대수 언어
가장 큰 수:
다음 수:
다음 수:
가장 작은 수: n

4 승현이는 한 시간에 3000원을 받고 일주일에 55000원씩 보너스를 받습니다. 승현이가 일주일 동안 n시간을 일했다면 얼마를 받아야 할까요?

대수 언어
일한 시간: n
보수:

5 유선이의 신장에는 신발이 n켤레 있습니다. 신발은 몇 짝인가요?

대수 언어
신발 켤레: n
신발짝의 수:

6 평상시에는 기타가 n원에 팔립니다. 그런데 토요일이 되면 기타 값을 15% 깎아 줍니다. 토요일에 기타는 얼마인가요?

대수 언어
평상시 기타 가격: n
토요일 기타 가격:

7 500원짜리 동전 n개는 1000원짜리 지폐 몇 개의 값과 같을까요?

대수 언어
500원짜리 동전의 수: n
같은 값의 1000원짜리 지폐의 수:

8 1년 동안 받는 서현이의 연봉은 유진이가 받는 연봉의 $\frac{1}{3}$보다 6000원 더 많습니다. 유진이의 연봉이 n이라면 서현이의 연봉은 얼마일까요?

대수 언어
유진이의 연봉: n
서현이의 연봉:

9 책상 한 개와 의자 한 개의 값은 15500원입니다. 의자 한 개의 값이 n원이라면 책상의 값은 얼마일까요?

대수 언어
의자 값: n
책상 값:

10 각 2가 $n°$라면 각 1은 몇 도일까요?

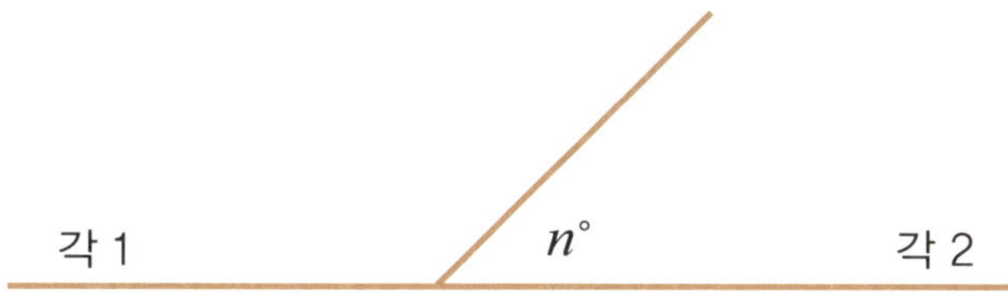

3**단계**

○ ● ○ 대 수 학 의 언 어

1 수는 n초 동안 이야기를 하고 있습니다. 몇 시간째 이야기를 하고 있는 것일까요?

대수 언어
수가 이야기한 시간(초): n초
수가 이야기한 시간(시):

2 원호에게는 10원짜리 동전과 100원짜리 동전을 집어넣는 상자가 있습니다. 100원짜리 동전의 수가 10원짜리 동전의 수보다 3배 더 많다면 상자 속에는 몇 원어치의 동전이 들어 있을까요?

대수 언어
10원짜리 동전의 수: n 10원짜리 동전의 금액:
100원짜리 동전의 수: 100원짜리 동전의 금액:

상자 속에 들어 있는 동전 총액:

3 다음 사다리꼴에서 밑변 오른쪽 각은 얼마일까요?

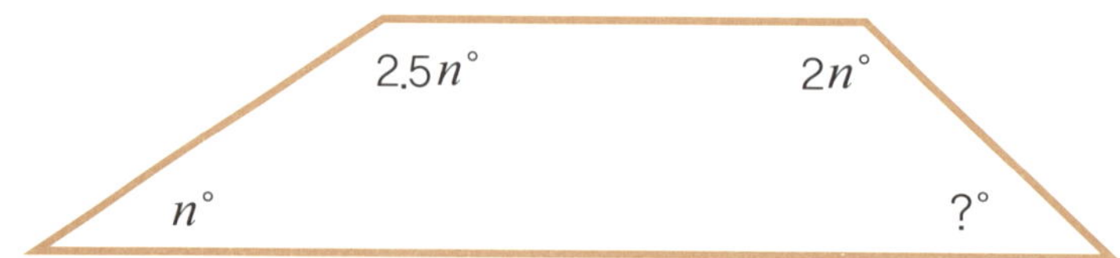

<< **88**

4 달팽이 한 마리가 n mm를 기어갔습니다. 이 달팽이는 몇 km를 기어간 것일까요?

대수 언어

mm: n

km:

5 윤수는 마라톤을 하는 동안 물을 n L 마셨습니다. 몇 dL(데시리터)를 마신 셈일까요?

6 점 A부터 점 B까지의 부채꼴의 호의 길이를 n cm라고 합시다. 점 B에서 출발해서 점 C 를 지나 점 A까지의 거리는 몇 cm일까요?

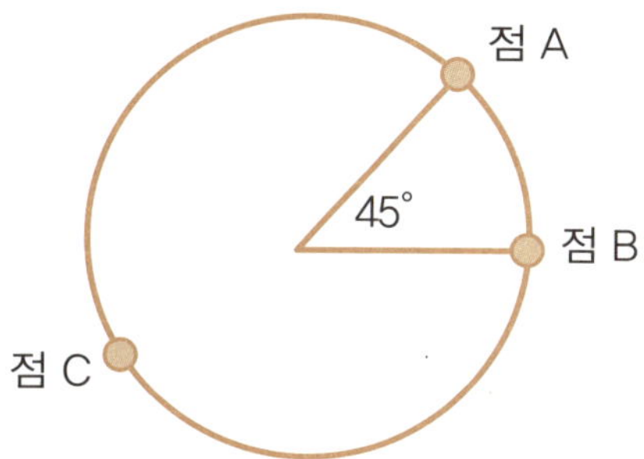

7 미선이는 n 원짜리 기타를 사려고 합니다. 기타를 사려면 판매 가격의 6%를 세금으로 내 야 합니다. 미선이는 세금까지 포함해서 얼마를 내야 할까요?

대수 언어

기타 가격: n

세금: $6\% = 0.06$

미선이가 내야 하는 돈:

8 가로가 세로보다 8.5배 긴 직사각형이 있습니다. 세로의 길이가 n이라면 직사각형의 둘레의 길이는 얼마일까요?

대수 언어
세로 길이: n
가로 길이:
둘레 길이:

9 윤주는 50원짜리 우표와 100원짜리 우표를 사 왔습니다. 윤주가 사 온 우표가 모두 100장이라면 윤주는 얼마를 주고 우표를 사 왔을까요?

대수 언어
50원짜리 우표의 수: n 50원짜리 우표 구입 금액:
100원짜리 우표의 수: 100원짜리 우표 구입 금액:

10 동물 우리에 소들과 닭들과 다리가 3개 뿐인 트리포드라는 개가 한 마리 있습니다. 닭의 수가 소보다 2배 많다면 동물 우리 속에 있는 동물들의 다리 수는 모두 몇 개일까요?(소의 수를 n이라고 합시다.)

대수 언어
소의 수: n 소의 다리:
닭의 수: 닭의 다리:
트리포드의 다리: 3개

아인슈타인 단계

○ ● ○ 대수학의 언어

1 준수는 자동차를 타고 n시간 동안 시속 55km로 달렸습니다. 준수의 어머니는 자동차를 타고 시속 60km의 속도로 n시간을 달렸습니다. 준수의 어머니는 준수보다 몇 km를 더 갔을까요?

대수 언어

준수가 운전한 거리:

준수의 어머니가 운전한 거리:

2 말과 오리만 기르는 농장이 있습니다. 이 농장에는 모두 80마리의 동물이 있습니다. 농장에 있는 오리의 수를 n이라고 한다면 농장에 있는 말들의 다리는 모두 몇 개일까요?

대수 언어

오리의 수: n　　　오리들의 다리 수:

말의 수:　　　말의 다리 수:

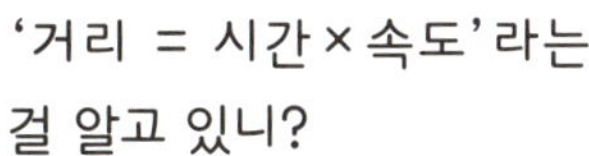

3 유현이는 $n$km를 시속 72km의 속도로 달렸습니다. 유현이가 $n$km 달리는 데 걸린 시간은 몇 초일까요?

대수 언어

속도: 72km/시간

거리: $n$km

시간(초):

4 가로 길이가 세로 길이보다 3배 긴 정원이 있습니다. 이 정원에 1m에 8000원 하는 담장을 설치하려고 합니다. 세로 길이가 nm라면 정원을 모두 둘러칠 담장의 값은 얼마일까요?

대수 언어
정원의 세로 길이: n
정원의 가로 길이:
정원의 둘레 길이:
담장의 값:

5 n원인 기타의 값을 20% 깎아 준다고 합니다. 세금은 기타 값의 8%입니다. 기타를 사려면 모두 얼마를 내야 할까요?

대수 언어
평상시 기타 값: n
할인해 주는 돈:
할인된 값:
세금:
기타를 살 때 내야 하는 돈:

6 두 선분이 이루는 한 각을 n이라고 하면 각 A와 B의 합은 어떻게 표시해야 할까요?

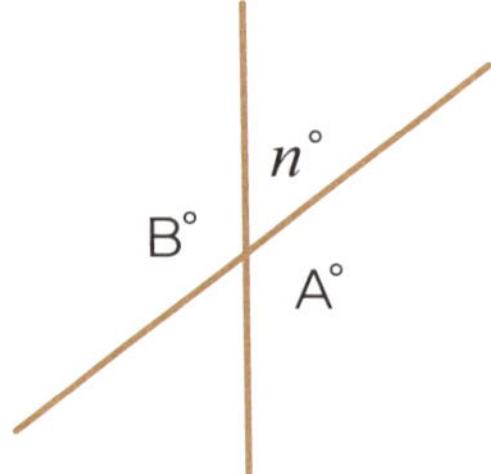

7 한 농부가 소와 오리를 기르고 있습니다. 이 농부가 기르는 동물은 모두 200마리입니다. 소의 수를 n이라고 한다면 이 농장에 있는 동물들의 다리는 모두 몇 개일까요?(농부의 다리도 계산해야 합니다.)

대수 언어:

소: n 소 다리:
오리: 오리 다리:
농부 다리: 2

8 가장 작은 수가 n일 때, 연속하는 수 7개의 평균은 얼마일까요?

대수 언어

가장 큰 수:
다음 수:
다음 수:
다음 수:
다음 수:
다음 수:
가장 작은 수: n

9 진수는 해마다 10%씩 값이 떨어지는 차를 한 대 샀습니다. 원래 차의 값이 n원이라면 3년 후에는 얼마가 될까요?

대수 언어

새로 산 차의 값: n
1년 후의 값:
2년 후의 값:
3년 후의 값:

10 한 변의 길이가 n인 정사각형이 있습니다. 색칠한 부분의 면적을 구하세요.

슈퍼 아인슈타인 문제

한 학생이 m/초로 적힌 속도를 km/시간으로 바꾸려고 합니다. 한 단거리 달리기 선수가 1초에 nm 가는 속도로 달린다면 이 선수는 시속 몇 km로 달린다고 할 수 있을까요?

대수 언어
속도: nm/초
km/시간으로 계산한 속도:

7장
방정식 풀이

처음에 할머니가 대수를 가르쳐 주셨을 무렵에 정말 잊지 못할 실수를 한 가지 했습니다. 대수를 풀 때는 반드시 기억하고 있어야 하는 규칙이 한 가지 있습니다. 등식의 양변에 똑같이만 해 준다면 하고 싶은 것을 마음대로 할 수 있다는 규칙입니다. 그런데 어처구니없게도 그 규칙을 잊어버리고 말았던 겁니다.

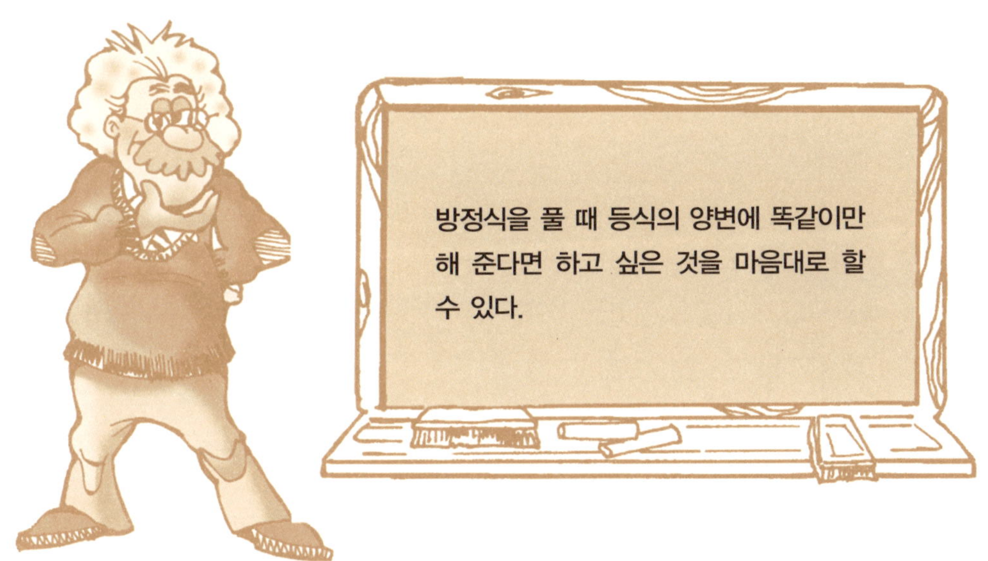

$$n - 12 + 12 = 36$$

$n - 12 = 36$이라는 아주 간단한 방정식을 풀 때였습니다. 나는 왼쪽 변에 n만 남기고 싶어서 왼쪽 변에 12를 더했습니다. $-12 + 12 = 0$이기 때문에 왼쪽에는 n만 남았습니다. 그런데 방정식을 빨리 풀고 싶다는 바람 때문에 아주 중요한 대수 규칙을 잊어버렸습니다. 왼쪽에 12를 더할 때는 오른쪽에도 12를 더해야 하는

데, 그 사실을 잊어버렸던 겁니다. 이미 알아챘겠지만 그 때문에 정말 터무니없는 답이 나왔습니다. 한쪽에만 12를 더했기 때문에 방정식이 기울어졌을 뿐 아니라 한쪽만 더했기 때문에 불공평하다고 생각한 오른쪽 변이 서러워서 울기 시작했습니다.

화가 난 방정식은 정말 한참이 지난 후에야 나를 용서해 주었습니다. 한 가지 기쁜 소식은 그 후 20년 동안 방정식을 풀 때마다 항상 양쪽을 공평하게 대했다는 사실입니다. 내가 해 주고 싶은 말은 방정식을 기쁘게 해 주려면 방정식의 양쪽을 공평하게 대해야 한다는 점입니다. 방정식을 풀 때는 양쪽에 똑같이 해 주어야 한다는 규칙만 기억하고 있으면 하고 싶은 일을 마음대로 해도 됩니다. 또 다시 방정식의 마음을 아프게 해서 20년 동안 힘들어 하는 일은 없었으면 좋겠습니다.

$$5n + 3n + 25 + 10 + 5 = 2n + 3n + 60 + 13$$

$$8n + 40 = 5n + 73$$

1) $8n + 6 + 2n = 16$

2) $19n + 6 - 5n + 7 = 55$

3) $-5n + 10n = -5 + 20$

4) $10n - 9n - 8 - 5 = 0$

5) $2n + 2n + 2n + 10 - 2 - 2 - 2 = 64$

1) $10n + 6 = 16$

2) $14n + 13 = 55$

3) $5n = 15$

4) $n - 13 = 0$

5) $6n + 4 = 64$

$$8n + 40 = 5n + 73$$
$$-5n \qquad -5n$$
$$3n + 40 = 0 + 73$$

$$3n + 40 = 73$$

1) $2n = n + 13$

2) $5n - 2 + 2n = 2n + 3$

3) $n = 10 - n$

4) $8 + 2n = 3n + 4$

5) $16n = 15n + 5$

1) $2n = n + 13$
   $\, -n \;\; -n$
   $\; n = 13$

2) $5n - 2 + 2n = 2n + 3$
   모으기: $7n - 2 = 2n + 3$
   $\, -2n \quad\;\; -2n$
   $\; 5n - 2 = 3$

3) $n = 10 - n$
   $+n \qquad +n$
   $2n = 10$

4) $8 + 2n = 3n + 4$
   $\, -2n \;\; -2n$
   $\; 8 = n + 4$

5) $16n = 15n + 5$
   $-15n \;\; -15n$
   $\, n = 5$

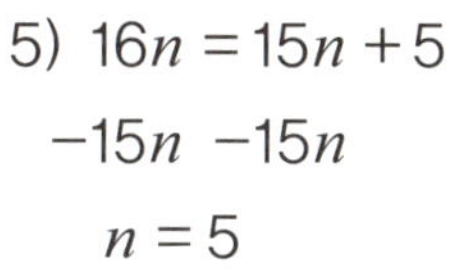
방정식을 풀 때는 언제나 n이 한쪽 변에만 남게 해야 한다. 어떤 변에 남길 것인가를 결정할 때는 수가 더 적은 쪽을 없애는 것이 편리하다는 사실을 기억하자.

$$7n + 5 = 2n + 15$$
$$-2n \qquad -2n$$
$$5n + 5 = 15$$

$$4n + 10 = 32 - 7n$$
$$+7n \qquad +7n$$
$$11n + 10 = 32$$

$$8n + 11 = 35$$

$$8n + 11 = 35$$
$$-11 \quad -11$$
$$8n = 24$$

$$5n - 10 = 90$$
$$-10 \quad -10$$

$$5n - 10 = 90$$
$$+10 \ +10$$
$$5n = 100$$

1) $7n + 3 = 17$
2) $5n - 7 = 23$
3) $20n - 7 - 7 = 66$
4) $5 + n - 10 = 14$
5) $7n - 5n - 3n + 2n + 11 = 44$

1) $7n + 3 = 17$
$\quad\quad -3 \;\; -3$
$\quad\quad 7n = 14$

2) $5n - 7 = 23$
$\quad\quad +7 \;\; +7$
$\quad\quad 5n = 30$

3) $20n - 7 - 7 = 66$
$\quad\quad\quad +14 +14$
$\quad\quad\quad 20n = 80$

4) $5 + n - 10 = 14$
모으기: $n - 5 = 14$
$\quad\quad\quad +5 \;\; +5$
$\quad\quad\quad n = 19$

5) $7n - 5n - 3n + 2n + 11 = 44$
모으기: $n + 11 = 44$
$\quad\quad\quad -11 \;\; -11$
$\quad\quad\quad n = 33$

$$8n = 24$$

$$\frac{8n}{8} = \frac{24}{8} \qquad n = 3$$

1) $2n = 80$

2) $7n = 91$

3) $0.5n = 100$

4) $19n = 323$

5) $\dfrac{1}{4}n = 25$

1) $2n = 80$

$$\dfrac{2n}{2} = \dfrac{80}{2} \quad n = 40$$

2) $7n = 91$

$$\dfrac{7n}{7} = \dfrac{91}{7} \quad n = 13$$

3) $0.5n = 100$

$$\dfrac{0.5n}{0.5} = \dfrac{100}{0.5} \quad n = 200$$

4) $19n = 323$

$$\dfrac{19n}{19} = \dfrac{323}{19} \quad n = 17$$

5) $\dfrac{1}{4}n = 25$

$$\dfrac{1}{4}n \times 4 = 25 \times 4 \quad n = 100$$

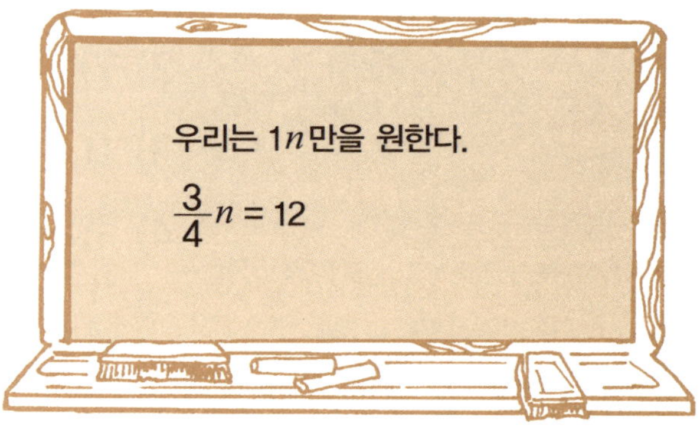
n 앞에 1을 남길 때 조금 어렵게 느껴지는 문제들이 있지. 칠판에 적어 놓은 문제가 바로 그런 문제란다.

우리는 $1n$만을 원한다.
$\frac{3}{4}n = 12$

어떻게 하면 $\frac{3}{4}$을 $1n$으로 바꿀 수 있는지 알아. 그냥 $\frac{3}{4}$의 역수인 $\frac{4}{3}$를 곱하면 돼!

역수라니 그건 뭐야? 그렇게 어려워도 되는 거야?

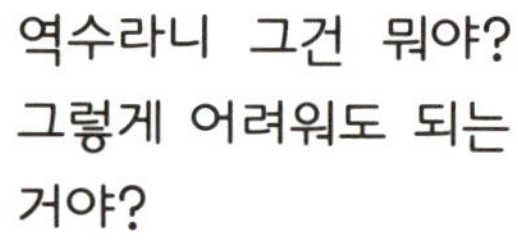

모든 분수는 곱했을 때 1이 되는 특별한 수를 가지고 있어. 그 수를 역수라고 하는 거야. $\frac{3}{4} \times \frac{4}{3}$ 을 하면 $\frac{3}{4}$ 을 1로 바꿀 수 있어. 물론 한쪽에 $\frac{4}{3}$ 를 곱했으면 다른 쪽도 $\frac{4}{3}$ 를 곱해야겠지.

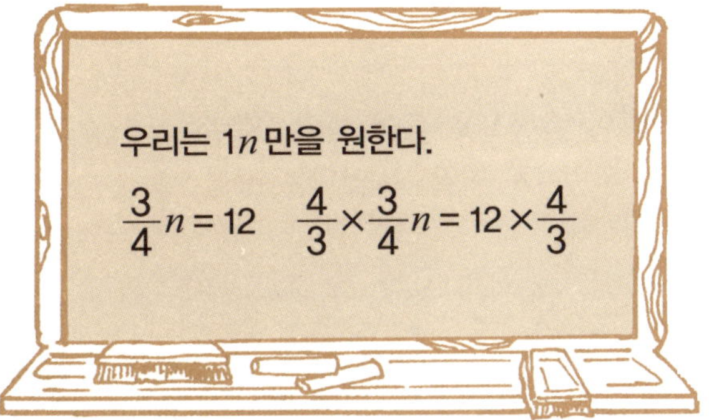

우리는 $1n$ 만을 원한다.

$\frac{3}{4}n = 12 \qquad \frac{4}{3} \times \frac{3}{4}n = 12 \times \frac{4}{3}$

역수를 어떻게 찾는지 알겠어. 분수를 그냥 거꾸로 쓰면 되는구나. $\frac{5}{6}$ 의 역수는 $\frac{6}{5}$ 이야. 생각보다 쉬운데!

그럼 이 방정식의 답도 알겠다. $n = 16$ 이야.

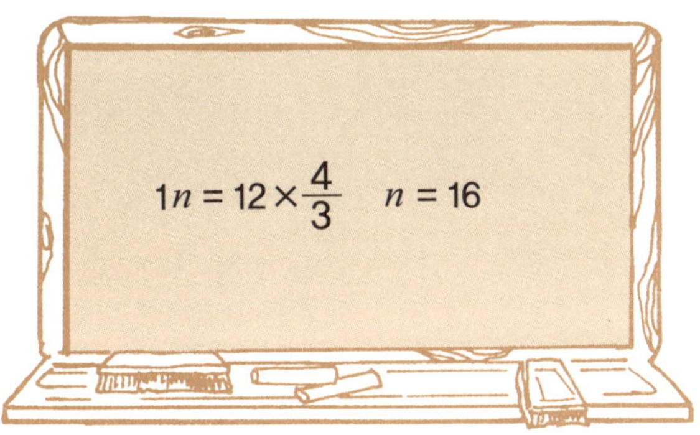

$1n = 12 \times \frac{4}{3} \qquad n = 16$

1) $\dfrac{5}{8} n = 40$

2) $\dfrac{2}{7} n = 26$

3) $\dfrac{1}{11} n = 9$

4) $\dfrac{7}{8} n = 126$

5) $\dfrac{3}{5} n = 4.35$

1) $\dfrac{8}{5} \times \dfrac{5}{8} n = 40 \times \dfrac{8}{5}$ $n = 64$

2) $\dfrac{7}{2} \times \dfrac{2}{7} n = 26 \times \dfrac{7}{2}$ $n = 91$

3) $\dfrac{11}{1} \times \dfrac{1}{11} n = 9 \times \dfrac{11}{1}$ $n = 99$

4) $\dfrac{8}{7} \times \dfrac{7}{8} n = 126 \times \dfrac{8}{7}$ $n = 144$

5) $\dfrac{5}{3} \times \dfrac{3}{5} n = 4.35 \times \dfrac{5}{3}$ $n = 7.25$

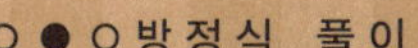

1 $2n + 8 = 24$

2 $5n - 5 = 85$

3 $2n + 8 - n = 20$

4 $7n + 4 + n - 5 = 63$

5 $2n + 1 = n + 10$

6 $2n - 7 = 0$

7 $n + 2n + 3n + 4n = 2 + 3 + 4 + 5 + 6$

8 $\dfrac{1}{2}n + 1\dfrac{1}{2}n = -10$

9 $4n - 8 = n + 1$

10 $100n = 100$

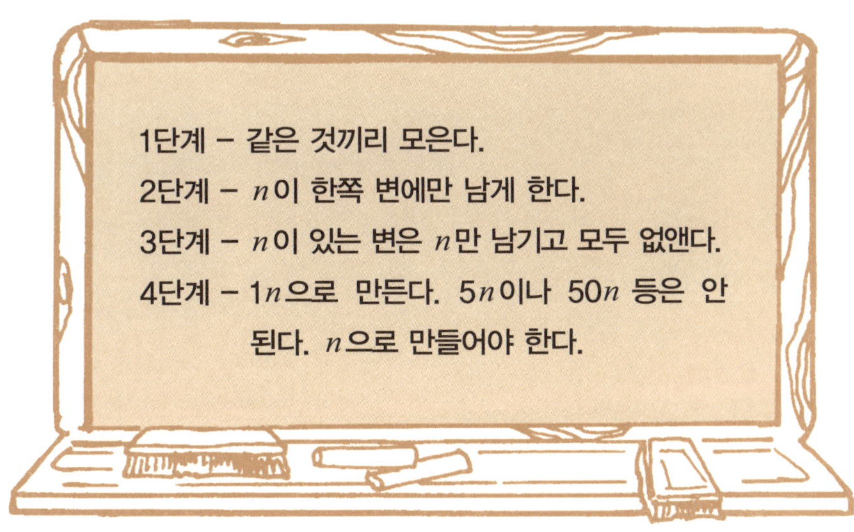

1 $n - n = 10 - n$

6 $\dfrac{1}{10}n = 100$

2 $2n - 1\dfrac{1}{2}n = 59$

7 $n^2 = 64$

3 $2n + 10 = 3n + 5$

8 $n + 9n - 90 = 0$

4 $2n = 4n$

9 $n^2 + 9 = 34$

5 $n + 9n - 8 - 5 = 2n + 3$

10 $10n - 9n + 8n - 7n + 6n = 10 - 9 + 8 - 7 + 6$

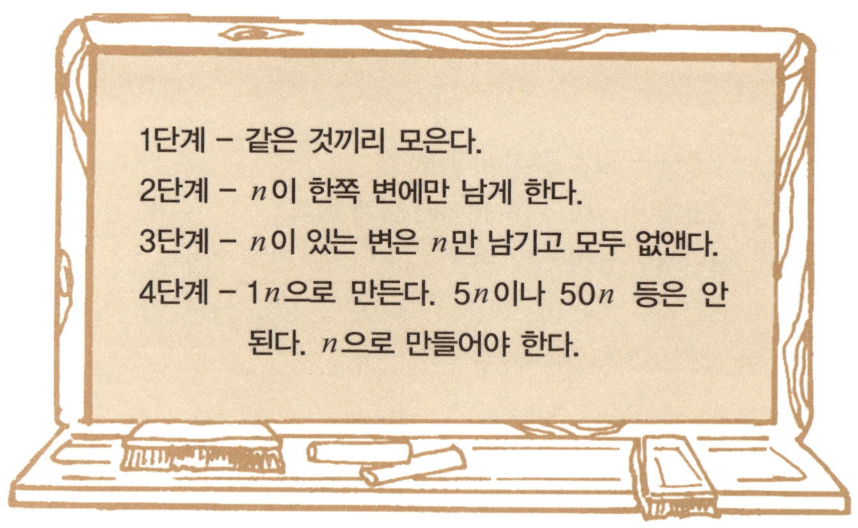

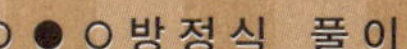

3단계

1 $-n = -50$

2 $-\dfrac{1}{8}n = 80$

3 $n^2 = \dfrac{1}{4}$

4 $n = 3n - \dfrac{1}{2}$

5 $10n = 0.5$

6 $-5n - 5n - 5 = 5$

7 $\dfrac{1}{11}n = 11$

8 $\dfrac{3}{5}n = 1$

9 $1 - n = n - 1$

10 $n^2 = 6\dfrac{1}{4}$

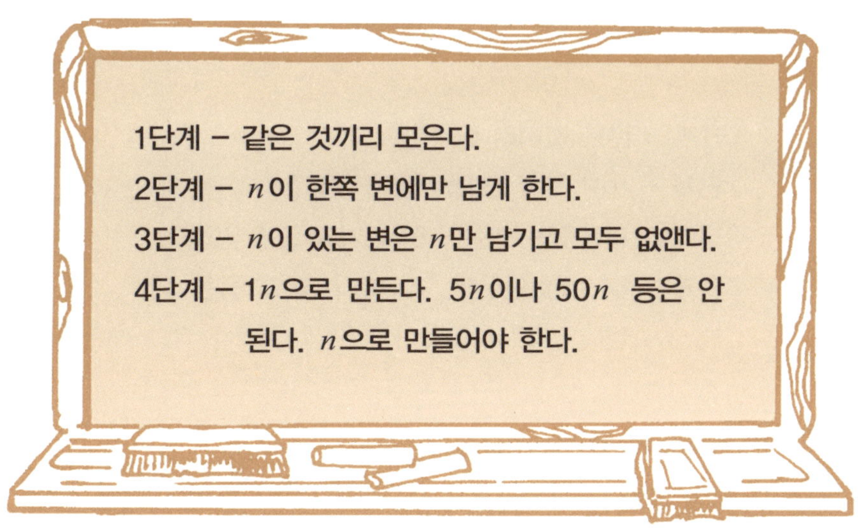

아인슈타인 단계 ○ ● ○ 방정식 풀이

1 $n^2 - 1 = -\dfrac{99}{100}$

6 $\dfrac{1}{n} + \dfrac{2}{n} + \dfrac{3}{n} = 1$

2 $-n = n$

7 $5^{n-1} = 15625$

3 $n + 0.07n = 9095$원

8 $2^n = 4^{n-3}$

4 $\dfrac{1}{n^2} = \dfrac{3}{192}$

9 $\dfrac{1}{n} + \dfrac{2}{n} + \dfrac{3}{n} + \dfrac{4}{n} = 1$

5 $n + \dfrac{1}{2}n + \dfrac{1}{4}n + \dfrac{1}{8}n + \dfrac{1}{16}n = 19375$

10 $\dfrac{1}{n} + \dfrac{3}{5} = 1$

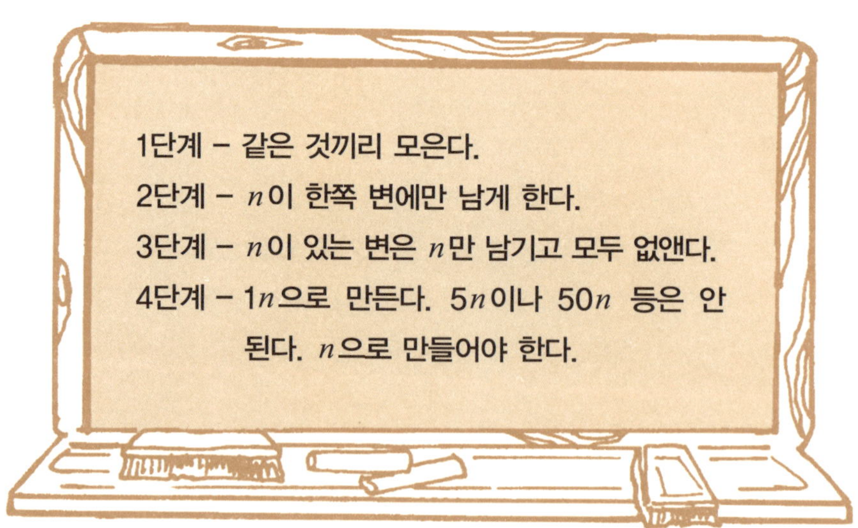

슈퍼 아인슈타인 문제

$$\frac{31}{170} = \cfrac{1}{5\cfrac{1}{2\cfrac{1}{n}}}$$

n 은 얼마입니까?

8장
대수학 문제 풀이

샌드위치 한 개와 음료수 한 잔 값은 1000원입니다. 샌드위치 값이 음료수 값보다 900원 더 비싸다면 음료수는 얼마일까요?

대수 언어

음료수 값: n 샌드위치 값: $n+900$원

방정식: 음료수 값 + 샌드위치 값 = 1000원

$$n+(n+900)=1000$$
$$2n+900=1000$$
$$2n=100$$
$$n=50원$$

문제를 대수 언어로 바꾸셨네요.
정말 멋져요. 그런 다음에 방정식
을 만들어 풀었군요.

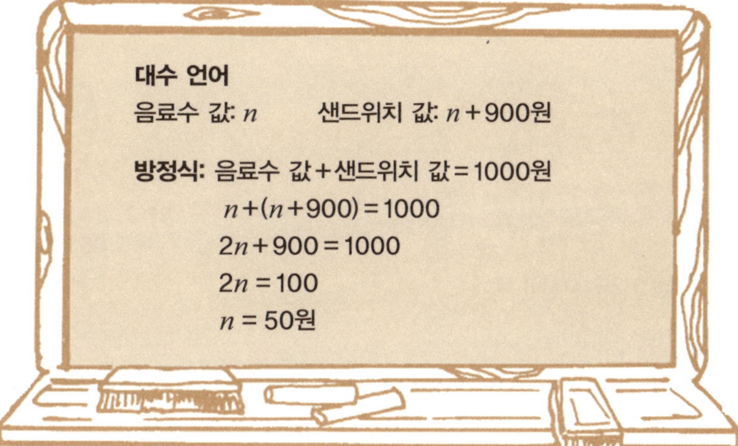
대수 언어
음료수 값: n 샌드위치 값: $n+900$원

방정식: 음료수 값+샌드위치 값=1000원
    $n+(n+900)=1000$
    $2n+900=1000$
    $2n=100$
    $n=50$원

먼저 양변에서 900을 빼고 양
변을 2로 나누니까, $n=50$이
됐어요.

정말 대수는 틀린 생각을
바로잡아 주네요.

내 나이는 너의 선생님 나이보다 20배 많다. 너의 선생님의 나이는 선생님 아들인 댄보다 22살 많다. 우리 나이를 모두 합하면 902살이 된다. 내 나이는 몇 살일까?

대수 언어
요다 스승의 나이: $20 \times n = 20n$
선생님의 나이: n
댄의 나이: $n - 22$

대수 언어
요다 스승의 나이: n
선생님의 나이: $n \div 20$
댄의 나이: $(n \div 20) - 22$

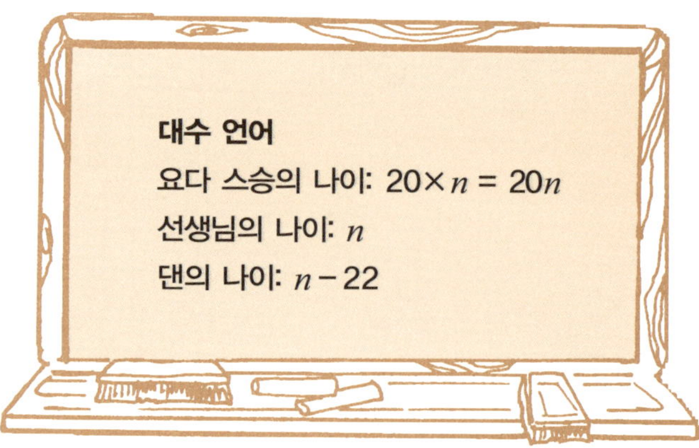

나이의 합: $20n + n + n - 22$

모으기: $22n - 22$

방정식: $22n - 22 = 902$

양변에 22를 더하기: $22n = 924$

양변을 22로 나누기: $n = 42$

1 윤서는 애완용 강아지보다 45kg 더 나갑니다. 한 저울에 둘이 함께 서면 저울의 눈금이 85kg을 가리킵니다. 윤서의 몸무게는 몇 kg일까요?

대수 언어
개의 무게: n
윤서의 몸무게:
방정식:

2 경일이는 자 한 개와 야드자 한 개를 사고 1250원을 냈습니다. 야드자가 자보다 450원 더 비싸다면 야드자의 값은 얼마일까요?(야드자는 미터나 센티미터가 아닌 야드 단위로 재는 자를 말합니다. 1야드는 약 91.4cm.)

대수 언어
자의 값: n
야드자의 값:
방정식:

3 지연이의 나이는 진헌이의 나이보다 2배 많습니다. 두 사람의 나이를 합하면 63살입니다. 진헌이는 몇 살일까요?

대수 언어
진헌이의 나이: n
지연이의 나이:
방정식:

4 싼 배낭의 값은 비싼 배낭의 값보다 1500원 쌉니다. 유라는 두 배낭을 7500원 주고 샀습니다. 싼 배낭은 얼마일까요?

대수 언어

싼 배낭의 값: n

비싼 배낭의 값:

방정식:

5 연속하는 두 짝수의 합이 226입니다. 작은 수는 무엇인가요?

대수 언어

작은 짝수: n

큰 짝수:

방정식:

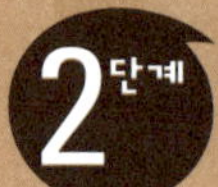

○ ● ○ 대 수 학 문 제 풀 이

1 종명이의 고양이는 종명이의 햄스터보다 10kg 더 나갑니다. 종명이의 개는 고양이와 몸무게가 같습니다. 3마리의 무게를 모두 합하면 35kg입니다. 햄스터의 무게는 얼마일까요?

대수 언어

햄스터: n

고양이:

개:

방정식:

2 경화는 한 시간에 7500원을 받고 보너스로 일주일에 80000원을 받으며 일합니다. 지난주에 경화는 312500원을 벌었습니다. 경화는 지난주에 몇 시간 일했을까요?

대수 언어

일한 시간: n

시간당 받는 돈:

보너스:

방정식:

3 민수는 마라톤에 출전하기 위해 연습하고 있습니다. 일주일간의 훈련 첫날 민수는 $n\,km$를 뛰었습니다. 그 후 하루가 지날 때마다 1km씩 더 많이 뛰었습니다. 일주일의 마지막 날(7일째 되는 날)까지 민수는 모두 70km를 뛰었습니다. 민수는 첫날 몇 km를 뛰었을까요?

대수 언어

첫째 날: n

둘째 날:

셋째 날:

넷째 날:

다섯째 날:

여섯째 날:

일곱째 날:

방정식:

4 용현이와 민환이는 모두 72000원을 갚아야 합니다. 용현이가 갚아야 할 돈이 민환이가 갚아야 할 돈보다 3배 많다면 민환이가 갚아야 할 돈은 얼마입니까?

대수 언어

민환이의 빚: n

용현이의 빚:

방정식:

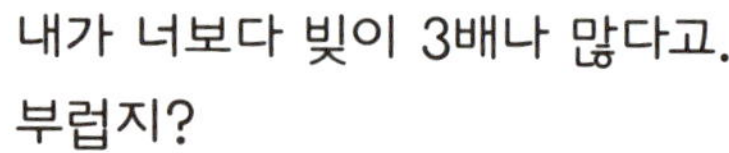

5 용수는 똑같은 수의 50원짜리 동전과 100원짜리 동전을 가지고 있습니다. 동전을 모두 합하면 2250원입니다. 용수가 가지고 있는 50원짜리 동전은 몇 개일까요?

대수 언어

50원짜리 동전의 수: n

100원짜리 동전의 수: n

50원짜리 동전의 금액:

100원짜리 동전의 금액:

방정식:

3단계

1 산 안토니오로 놀러 간 재경이는 은행에 저금한 돈으로 여행 경비를 썼습니다. 월요일에는 저금한 돈의 절반을 사용했습니다. 화요일에는 남은 돈의 절반을 사용했습니다. 수요일에도 남은 돈의 반을 썼습니다. 목요일에는 남은 돈이 거의 없었지만 그래도 그중에 반을 썼습니다. 산 안토니오에 도착한 첫날 은행에 들어 있던 돈을 n이라고 한다면 목요일에는 얼마가 남았을까요?

대수 언어
첫날 있던 돈: n
월요일에 남은 돈:
화요일에 남은 돈:
수요일에 남은 돈:
목요일에 남은 돈:

2 다희는 붉은 삼나무가 우거진 캘리포니아의 공원으로 놀러갔습니다. 그 곳에서 아주 커다란 삼나무를 본 다희는 나무의 키가 얼마나 되는지 물어보았습니다. 그러자 산림 관리원은 나무의 키는 말해 줄 수 없지만 나무의 키를 알 수 있는 단서를 주겠다고 했습니다. 이 삼나무의 키는 몇 km일까요?

대수 언어
산림 관리원의 키: n
나무의 키:
작은 나무의 키:
방정식:

3 밑변의 길이가 윗변 길이의 120%인 사다리꼴이 있습니다. 이 사다리꼴의 양변의 길이는 윗변 길이의 $\frac{1}{2}$입니다. 이 사다리꼴의 둘레의 길이가 54.4cm라면 윗변의 길이는 얼마일까요?

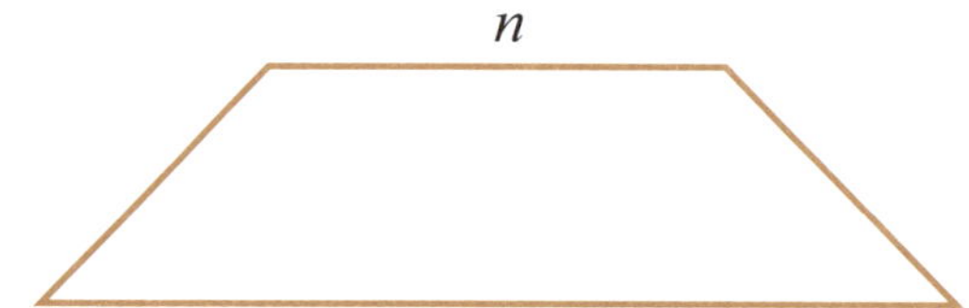

4 컴퓨터를 사려면 3360원을 세금으로 내야 합니다. 세금은 컴퓨터 값의 7%입니다. 세금을 더하지 않은 컴퓨터의 값은 얼마일까요?

대수 언어
컴퓨터의 값: n
세금:
방정식:

5 동물 우리 속에 소들과 오리들과 다리가 3개인 강아지 트리포드가 살고 있습니다. 소의 수는 오리의 수보다 2배 많고 우리 속에 살고 있는 동물들의 다리를 모두 더하면 313개입니다. 우리 속에는 오리가 몇 마리나 살고 있을까요?

대수 언어
오리의 수: n
소의 수:
오리 다리 개수:
소 다리 개수:
트리포드의 다리 수:
방정식:

아인슈타인 단계

1 1980년에는 준우의 나이가 승희보다 2배 많았고 승희의 나이는 명우보다 2배 많았습니다. 1992년 준우와 승희와 명우의 나이를 모두 더하면 78살입니다. 1980년 준우는 몇 살이었을까요?

2 경화의 우표 수집함에는 우표 72장과 50원짜리 동전 5개, 100원짜리 동전 2개, 10원짜리 동전 7개가 들어 있습니다. 경화는 30원짜리 우표를 370원짜리 우표보다 3배 많이, 50원짜리 우표는 370원짜리 우표의 절반만큼 가지고 있습니다. 경화가 가지고 있는 우표와 동전의 금액을 모두 합하면 8280원입니다. 370원짜리 우표는 몇 장일까요?

3 어떤 정사각형의 모든 변의 길이를 2배로 늘리면 전체 면적이 432cm²만큼 늘어납니다. 처음 정사각형의 한 변의 길이는 몇 cm였을까요?

4 미진이가 장거리 전화를 쓰려면 1분에 12원을 내야 합니다. 그런데 한 전화 회사에서 자기네 회사 전화를 쓰면 1분에 0.5원만 내면 된다면서 전화 회사를 바꾸라고 했습니다. 그런데 이 전화 회사는 매달 4600원씩을 따로 내야 합니다. 미진이가 이 전화 회사를 이용한다면 한 달에 몇 분을 써야 이득일까요?

5 여행 가방 속에 5원짜리 동전과 10원짜리 동전, 50원짜리 동전이 들어 있습니다. 10원 짜리 동전은 5원짜리 동전보다 $2\frac{1}{2}$배 많고 50원짜리 동전은 5원짜리 동전보다 5배 많습니다. 가방 속에 모두 4480원이 들어 있다면 5원짜리 동전은 몇 개가 들어 있을 까요?

슈퍼 아인슈타인 문제

수현이는 창고에서 담장을 칠 울타리를 찾아냈습니다. 그런데 수현이는 이 울타리로 정원을 둥글게 막아야 할지 네모나게 막아야 할지 도무지 알 수가 없었습니다.

이리저리 계산을 해 본 수현이는 둥근 담장을 쳤을 때가 네모난 담장을 쳤을 때보다 1380cm² 더 넓다는 사실을 알아냈습니다. 수현이가 찾아낸 울타리의 길이는 몇 cm인가요?(근사값으로 계산하세요.)

·정답과 풀이·

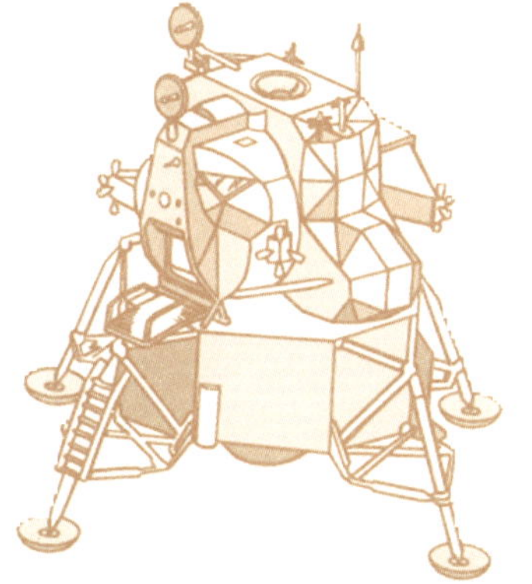

1장

하나로 생각하기

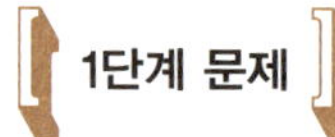

1단계 문제

1 답 10시간

인부 한 명이 트럭에서 짐을 내리는 데 걸리는 시간은?
5명(인부 수)×12시간 = 60시간

하나로 생각하기
1명 : 60시간
2명 : 60÷2 = 30시간
3명 : 60÷3 = 20시간
6명 : 60÷6 = 10시간

2 답 버틸 수 있다. 달착륙선의 산소로 3명이 4일을 버틸 수 있고 지구에 도착하는 데는 4일이 걸린다고 했으므로.
우주 비행사 한 명이 달착륙선의 산소로 버틸 수 있는 시간은?
2명(우주 비행사)×6일 = 12일

하나로 생각하기
1명 : 12일
2명 : 12÷2 = 6일
3명 : 12÷3 = 4일

3 답 3시간

한 명이 창고를 청소하는 데 걸리는 시간은?
3명(사람 수)×4시간 = 12시간

하나로 생각하기
1명 : 12시간

2명 : 12÷2 = 6시간
4명 : 12÷4 = 3시간

4 답 10.5시간

한 사람이 구덩이를 파는 데 걸리는 시간은?
7명(사람 수)×3시간 = 21시간

하나로 생각하기
1명 : 21시간
2명 : 21÷2 = 10.5시간

5 답 $\frac{1}{7}$

선영이가 담장을 칠하는 데 7시간이 걸렸으므로 선영이는 시간당 $\frac{1}{7}$의 담장을 칠한 셈이다.

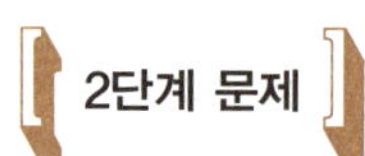

2단계 문제

1 답 2시간

하나로 생각하기:
재호가 잔디밭을 한 시간에 깎을 수 있는 면적은 전체 잔디밭의 $\frac{1}{3}$이다.
재호의 여동생이 잔디밭을 한 시간에 깎을 수 있는 면적은 전체 잔디밭의 $\frac{1}{6}$이다.
그러므로 두 사람이 한 시간에 깎을 수 있는 잔디 면적은 $\frac{1}{3} + \frac{1}{6} = \frac{1}{2}$이다.
전체 잔디밭을 깎는 데는 2시간이 걸린다.

2 답 12일

하나로 생각하기:

카누 여행에서 한 명이 음식을 며칠 동안 먹을 수 있을까?

6명(사람 수)×14일 = 84일

1명 : 84일

2명 : 84÷2 = 42일

7명 : 84÷7 = 12일

3 답 60일

하나로 생각하기:

한 명이 혼자서 터널 한 개를 파는 데 걸리는 시간은?

12명(사람 수)×100일 = 1200일

1명 : 1200일

2명 : 1200÷2 = 600일

20명 : 1200÷20 = 60일

4 답 12일

하나로 생각하기:

금붕어 한 마리가 사료 한 상자로 며칠을 먹을 수 있을까?

3마리×28일(=4주) = 84일

1마리 : 84일

2마리 : 84÷2 = 42일

7마리 : 84÷7 = 12일

5 답 3시간

하나로 생각하기:

한 사람이 사과를 모두 따는 데 걸린 시간은?

3명×5시간 = 15시간

1명 : 15시간

2명 : 15÷2 = 7.5시간

5명 : 15÷5 = 3시간

3단계 문제

1 답 2명이 더 필요하다.

하나로 생각하기:

한 사람이 집 한 채를 칠하는 데 걸리는 시간은?

4명×12시간 = 48시간

1명 : 48시간

2명 : 24시간

몇 명 : 8시간

48시간÷8시간 = 6명

2 답 1시간 20분

하나로 생각하기:

A 호스로 한 시간에 풀장을 채울 수 있는 양은? $\frac{1}{4}$

B 호스로 한 시간에 풀장을 채울 수 있는 양은? $\frac{1}{2}$

한 시간에 두 호스로 풀장을 얼마나 채울 수 있을까?

$\frac{1}{4} + \frac{1}{2} = \frac{3}{4}$

풀장 $\frac{3}{4}$ 을 채우는 데 60분이 걸렸다면

풀장 $\frac{1}{4}$ 을 채우는 데는 20분이 걸린다.

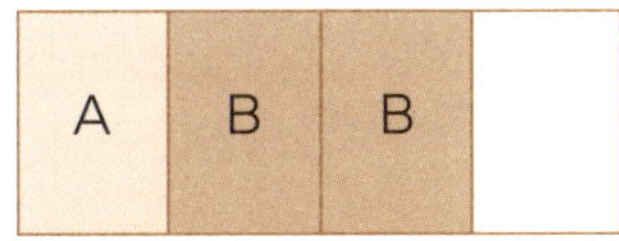

3 답 한 시간

하나로 생각하기:

한 시간에 차를 칠할 수 있는 양은,

수영이는 $\dfrac{1}{2}$, 영수는 $\dfrac{1}{3}$, 재호는 $\dfrac{1}{6}$ 이다.

한 시간에 모두가 차를 칠하면

$\dfrac{1}{2} + \dfrac{1}{3} + \dfrac{1}{6} = 1$(한 대)이 된다.

4 답 5분 20초

하나로 생각하기:

아이 한 명이 피자를 먹을 수 있는 시간은?

4명(아이 수)×12분 = 48분

1명 : 48분

2명 : 24분

9명 : $48 \div 9 = 5\dfrac{1}{3}$ 분

$\dfrac{1}{3}$ 분 = 20초

5 답 30분

하나로 생각하기:

한 시간에 채울 수 있는 욕조의 양은? 5개

한 시간에 비울 수 있는 욕조의 양은? 3개

결과적으로 한 시간에 2개의 욕조를 채울 수 있다.

그렇다면 한 개의 욕조를 채울 수 있는 시간은 $\dfrac{1}{2}$ 시간이다.

다른 방법으로 생각해 보면:

1분에 채울 수 있는 욕조의 양은? $\dfrac{1}{12}$

1분에 비울 수 있는 욕조의 양은? $\dfrac{1}{20}$

$\dfrac{1}{12} - \dfrac{1}{20} = \dfrac{2}{60} = \dfrac{1}{30}$

결과적으로 1분에 욕조의 $\dfrac{1}{30}$ 을 채울 수 있다.

그렇다면 한 개의 욕조를 채울 수 있는 시간은 30분이다.

아인슈타인 단계 문제

1 답 20시간

하나로 생각하기:

한 시간에 수영장에 $\dfrac{1}{4}$ 을 채울 수 있고, $\dfrac{1}{5}$ 을 뺄 수 있다.

$\dfrac{1}{4} - \dfrac{1}{5} = \dfrac{1}{20}$

결과적으로 한 시간에 수영장 $\dfrac{1}{20}$ 을 채울 수 있다.

따라서 수영장 전체를 채우는 데는 20시간이 걸린다.

2 답 4대 더 구입해야 한다.

하나로 생각하기:

제설기 한 대로 청소하는 데 걸리는 시간은?

3대×14시간 = 42시간

1대 : 42시간

몇 대 : 6시간

$42 \div 6 = 7$대

3 답 4분 48초

하나로 생각하기:

민수는 1분에 인도 $\dfrac{1}{8}$ 을 만들고, 동생은 1분에 $\dfrac{1}{12}$ 을 만든다.

따라서 둘이 같이 인도를 만들면

$\dfrac{1}{8} + \dfrac{1}{12} = \dfrac{5}{24}$

1분 : $\dfrac{5}{24}$

2분 : $\dfrac{10}{24}$

4분 : $\dfrac{20}{24}$

4분 동안 만들면 $\dfrac{4}{24}$ 가 남는다.

1분(60초)에 $\dfrac{5}{24}$ 를 만들 수 있으므로 $\dfrac{1}{24}$ 을 만

드는 데는

$60 \div 5 = 12$초가 걸린다.

$\dfrac{4}{24}$를 만들어야 하므로 $4 \times 12 = 48$초가 걸린다.

4 **답** 5명의 인부가 더 필요하다.

하나로 생각하기:

도로의 절반을 한 명의 인부가 만드는 시간은?

10명 $\times$ 6달 = 60달

1명 : 60달

2명 : 30달

몇 명 : 4달

$60 \div 4 = 15$명

5 **답** 2시간 $13\dfrac{1}{3}$분

하나로 생각하기:

한 시간에 칠할 수 있는 담장의 양은?

민지는 $\dfrac{1}{4}$, 동생은 $\dfrac{1}{5}$

둘이서 같이 담장을 칠하면 한 시간에 칠할 수 있는 담장의 양은?

$\dfrac{1}{4} + \dfrac{1}{5} = \dfrac{9}{20}$ 2시간 : $\dfrac{18}{20}$

$\dfrac{9}{20}$를 한 시간에 칠하므로 $\dfrac{1}{20}$은

60분 $\div 9 = 6\dfrac{2}{3}$

남는 $\dfrac{2}{20}$를 칠하는 데는 $13\dfrac{1}{3}$분이 걸린다.

답 32명이 더 있어야 한다.

한 명이 터널의 $\dfrac{3}{8}$을 마칠 수 있는 시간은?

8명 $\times$ 10일 = 80일

$\dfrac{3}{8}$을 공사하는 데 80일이 걸린다면, $\dfrac{1}{8}$을 공사하는 데는?

80일 $\div 3 = \dfrac{80}{3} = 26\dfrac{2}{3}$일

그럼 남은 $\dfrac{5}{8}$를 공사하는 데는?

$5 \times 26\dfrac{2}{3} = 133\dfrac{1}{3}$일

1명 : $133\dfrac{1}{3}$일

2명 : $66\dfrac{2}{3}$일

몇 명 : $3\dfrac{1}{3}$일

$133\dfrac{1}{3} \div 3\dfrac{1}{3} = 40$명

현재 인부가 8명이 있으므로 32명이 더 있어야 한다.

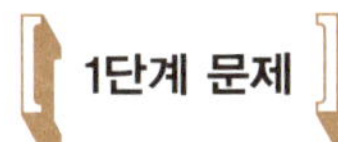

2장

2-10 방법

1 **답** 1000원

호두 2kg의 값이 10원이라면 1kg의 값은?

답은 5원이다. 어떻게 5원이 나왔을까?

방법은 값을 무게로 나누면 된다.

10원 $\div$ 2kg = 5원

같은 방법으로 문제를 풀어 보자.

2500원 $\div 2\dfrac{1}{2}$kg = 1000원

2 **답** 5760원

만약 치즈 1kg의 값이 2원이라고 하면 10kg

은 얼마일까?

2원 × 10kg = 20원

같은 방법으로 문제를 풀어 보자.

2350원 × 2.45kg ≒ 5760원

3 답 피자 $\frac{1}{6}$판

만약 영민이가 피자 2판을 10명이 먹기 위해 샀다면 한 사람당 얼마나 먹을 수 있을까?

2판 ÷ 10명 = $\frac{1}{5}$판

같은 방법으로 문제를 풀어 보자.

86판 ÷ 516명 = $\frac{1}{6}$판

4 답 8km

만약 2cm로 10km를 표시한 지도가 있다면, 1cm는 몇 km와 같을까?

10km ÷ 2cm = 5km

같은 방법으로 문제를 풀어 보자.

6km ÷ 0.75cm = 8km

5 답 $4y + 2z$

우리에 말 2마리와 닭 10마리가 있다고 하자. 동물들의 다리 수는 모두 몇 개일까?

(말 2마리 × 4개) + (닭 10마리 × 2개)

= 8 + 20 = 28개

같은 방법으로 문제를 풀어 보자.

(말 y마리 × 4개) + (닭 z마리 × 2개)

= $4y + 2z$

2단계 문제

1 답 1600조각

만약 10kg짜리 고기 덩어리를 2kg씩 나누면 몇 조각이나 나올까?

10 ÷ 2 = 5조각

같은 방법으로 문제를 풀어 보자.

1200 ÷ $\frac{3}{4}$ = 1600조각

2 답 $\frac{2}{3}$kg

주안이가 1kg에 2원 하는 고기를 10원어치 샀다면 몇 kg을 산 것일까?

10 ÷ 2 = 5kg

같은 방법으로 문제를 풀어 보자.

1280원 ÷ 1920원 = $\frac{2}{3}$kg

3 답 xy원

모자 1개의 값이 2원이라면, 모자 10개는 얼마일까?

2 × 10 = 20원

같은 방법으로 문제를 풀어 보면,

$x \times y = xy$

4 답 64분

은수가 1분에 2쪽을 읽는다면, 10쪽을 읽는 데는 시간이 얼마나 걸릴까?

10 ÷ 2 = 5분

같은 방법으로 문제를 풀어 보자.

72 ÷ 1$\frac{1}{8}$ = 72 × $\frac{8}{9}$ = 64분

5 답 시속 55km

트럭 운전사가 2시간에 10km를 운전한다. 평균 속도는 얼마일까?

$10 \div 2 = 5km/시간$

같은 방법으로 문제를 풀어 보자.

$426.25 \div 7.75 = 55km/시간$

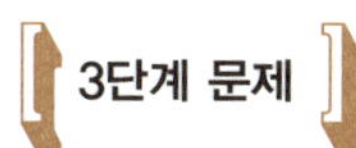

3단계 문제

1 답 0.8km/L

탱크가 2L로 10km를 간다. 이 탱크의 연비는 얼마일까?

$10 \div 2 = 5km/L$

같은 방법으로 문제를 풀어 보자.

$17.6 \div 22 = 0.8km/L$

2 답 87.5개

골수에서 만들어지는 적혈구의 수는 1초에 10개이다. 그럼 2초에 만들어낼 수 있는 적혈구 수는?

$2 \times 10 = 20$

같은 방법으로 문제를 풀어 보자.

$0.03125 \times 2800 = 87.5개$

3 답 $8\frac{2}{5}$시간

트럭 2대를 칠하는 데 10시간 걸렸다. 1대를 다 칠하는 데 걸리는 시간은?

$10 \div 2 = 5$

같은 방법으로 문제를 풀어 보자.

$$6 \div \frac{5}{7} = 6 \times \frac{7}{5} = \frac{42}{5} = 8\frac{2}{5}\text{시간}$$

4 답 6324m

천둥소리가 1초에 2m를 간다고 하자. 그럼 10초 후에는 몇 m를 갈까?

$2 \times 10 = 20$

같은 방법으로 문제를 풀어 보자.

$340 \times 18.6 = 6324m$

5 답 $5000(N-Q)$

경주는 $10(N)$장의 앨범을 가지고 있었고, $2(Q)$장을 팔지 못했다. 앨범을 1장에 5000원씩 팔면 얼마를 벌었을까?

$(10 - 2) \times 5000원 = 40000원$

같은 방법으로 문제를 풀면,

$(N - Q) \times 5000 = 5000(N - Q)$

아인슈타인 단계 문제

1 답 93시간 20분

50L의 물이 담긴 히터에서 10분에 2L의 물이 새고 있다. 언제 물이 바닥날까?

$50 \div 2 = 25$

$10 \times 25 = 250분 = 4시간 10분$

같은 방법으로 문제를 풀어 보자.

$50 \div 0.125 = 400$

$400 \times 14 = 5600분$

$5600분 \div 60 = 93.33시간\ 또는\ 93시간\ 20분$

2 답 $2000n$분

부피가 800m³인 우주선에서 10분당 2m³의 비율로 공기가 샌다. 몇 분 후에 공기가 다 없어질까?

$800 \div 2 = 400$

$10 \times 400 = 4000$분

같은 방법으로 문제를 풀어 보자.

$800 \div 0.4 = 2000$

$2000 \times n = 2000n$분

3 답 37474057.25m

1m는 빛이 2초 동안 움직인 거리라고 하자. 그러면 10초 동안 움직인 거리는?

$10 \div 2 = 5$

같은 방법으로 문제를 풀어 보자.

$\dfrac{1}{8} \div \dfrac{1}{299792458} = 37474057.25$m

4 답 $\dfrac{t}{n}$시간

명우는 10시간에 차 2대를 칠할 수 있다. 1대를 칠하는 데 걸린 시간은?

$10 \div 2 = 5$

같은 방법으로 문제를 풀어 보자.

t시간 $\div n$대 $= \dfrac{t}{n}$시간

5 답 $\dfrac{n}{60}$시간

시속 2km로 달리는 차가 10km 달리는 데 걸리는 시간은?

$10 \div 2 = 5$

같은 방법으로 문제를 풀어 보자.

$n \div 60 = \dfrac{n}{60}$시간

슈퍼 아인슈타인 문제

답 $33\dfrac{1}{3}\dfrac{nm}{t}$

기름이 2시간에 10L 비율로 새고 있다. 기름값이 L당 2000원이라면 m분에 잃어버린 기름값은?

$10 \div 2 = 5$L

$2000 \times 5 = 10000$원(1시간)

$10000 \times \dfrac{m}{60} = 166\dfrac{2m}{3}$

같은 방법으로 문제를 풀어 보자.

nL$\div t$시간 $= \dfrac{n}{t}$(시간당 리터)

기름값이 2000원이므로

$\dfrac{n}{t} \times 2000 = 2000\dfrac{n}{t}$

m분당 새는 비율을 계산해야 하므로

$2000\dfrac{n}{t} \times \dfrac{m}{60} = \dfrac{2000nm}{60t} = \dfrac{100nm}{3t}$

$= 33\dfrac{1}{3}\dfrac{nm}{t}$

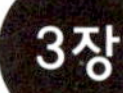
3장

반드시 빼야 할 때가 있다

1단계 문제

1 답 120°

2개의 반직선이 이루는 평각은 180°이다.

$180° - 60° = 120°$

2 답 $\dfrac{3}{4}$

동전 2개가 모두 앞면일 확률은 $\dfrac{1}{4}$이다.

그러므로 둘 다 앞면이 아닐 확률은

$1 - \dfrac{1}{4} = \dfrac{3}{4}$이다.

3 답 89°

삼각형의 내각의 합은 180°이다.

그러므로 P각은

$180° - 56° - 35° = 89°$

4 답 49cm²

전체 직사각형의 면적은

$5 \times 10 = 50cm^2$

흰 정사각형의 면적은

$1 \times 1 = 1cm^2$

그러므로 흰 사각형을 뺀 직사각형의 면적은

$50 - 1 = 49cm^2$

5 답 $\dfrac{999999}{1000000}$

$1 - \dfrac{1}{1000000} = \dfrac{999999}{1000000}$

[2단계 문제]

1 답 $\dfrac{35}{36}$

2개의 주사위를 던졌을 때 나올 수 있는 경우의 수는 36가지이다.

1,1	2,1	3,1	4,1	5,1	6,1
1,2	2,2	3,2	4,2	5,2	6,2
1,3	2,3	3,3	4,3	5,3	6,3
1,4	2,4	3,4	4,4	5,4	6,4
1,5	2,5	3,5	4,5	5,5	6,5
1,6	2,6	3,6	4,6	5,6	6,6

여기서 주사위 둘 다 6이 나올 확률은 $\dfrac{1}{36}$ 이다. 그러므로 둘 다 6이 아닐 확률은

$1 - \dfrac{1}{36} = \dfrac{35}{36}$

2 답 28cm²

전체 삼각형의 면적은 $5 \times 12 \div 2 = 30cm^2$

작은 직사각형의 면적은 $1 \times 2 = 2cm^2$

그러므로 도형의 전체 면적은

$30cm^2 - 2cm^2 = 28cm^2$

3 답 $0.8Q$

Q(평상시 값) $- 0.2Q$(할인) $= 0.8Q$

4 답 $1 - X$

모든 가능한 경우의 확률의 합은 1이다.

5 답 7.74cm²

정사각형의 면적이 36cm²이므로 한 변은 6cm이다.

그림에서 정사각형의 한 변은 곧 원의 지름이므로 원의 면적은

$3 \times 3 \times 3.14 = 28.26cm^2$

그러므로 색칠한 부분의 면적은

$36 - 28.26 = 7.74$

[3단계 문제]

1 답 220°

평행한 두 직선이 한 직선과 만날 때 동위각은 같다.

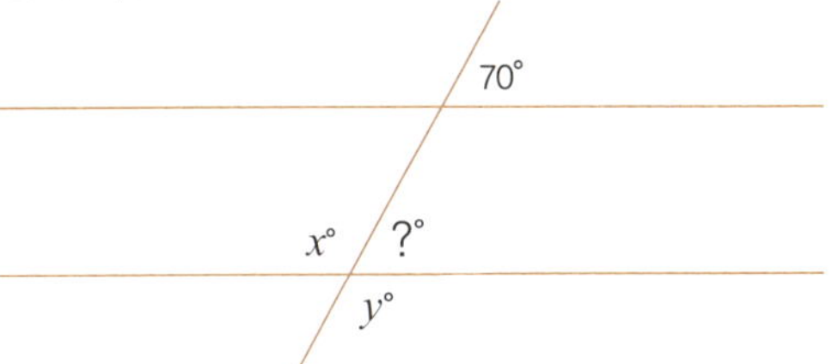

그림에서 물음표한 부분은 바로 동위각이므로 70°이다.

그러므로 $x = 180° - 70° = 110°$이고, y 역시 $110°$이다.

2 답 24L

둥근 방 전체 면적은

$1.25 \times 1.25 \times 3.14 = 4.90625 \text{cm}^2$

작은 원의 면적은

$0.25 \times 0.25 \times 3.14 = 0.19625 \text{cm}^2$

작은 원을 뺀 둥근 방의 나머지 면적은

$4.90625 - 0.19625 = 4.71 \text{cm}^2$

작은 원을 칠하는 데 1L

가 사용되므로

$4.71 \div 0.19625 = 24 \text{L}$

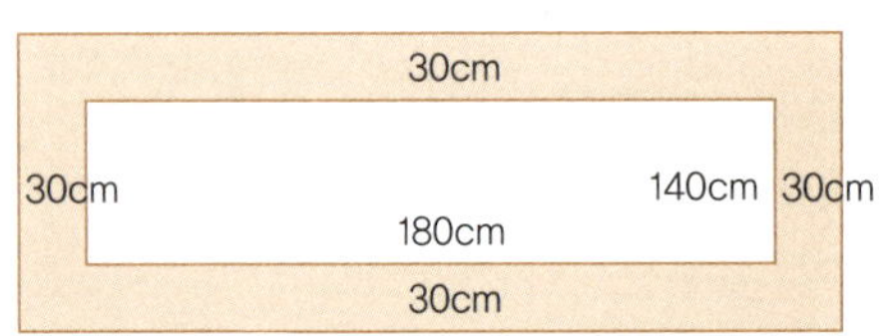

3 답 22800cm²

방의 전체 면적은

$240 \times 200 = 48000 \text{cm}^2$

30cm 둘레를 뺀 직사각형의 면적은

$(240 - 60) \times (200 - 60) = 25200 \text{cm}^2$

그러므로 필요한 카펫의 면적은

$48000 - 25200 = 22800 \text{cm}^2$

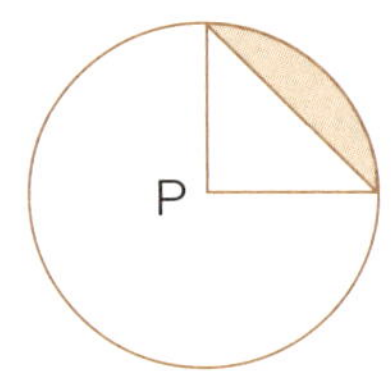

4 답 28.5cm²

전체 원의 면적은

$10 \times 10 \times 3.14 = 314 \text{cm}^2$

P가 속한 부분은 원의 $\dfrac{1}{4}$이므로

$314 \div 4 = 78.5 \text{cm}^2$

여기서 삼각형 면적을 빼야 하므로

$78.5 - (10 \times 10 \div 2) = 78.5 - 50 = 28.5 \text{cm}^2$

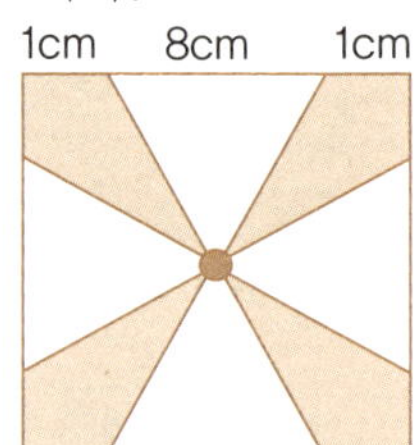

5 답 20cm²

정사각형의 면적이 100cm²이므로 정사각형 각 변의 길이는 10cm이다.

그러므로 색칠하지 않은 각 삼각형의 아랫변은 8cm가 되고, 높이는 5cm이다.

이 삼각형의 면적은

$8 \times 5 \div 2 = 20 \text{cm}^2$

이므로 색칠하지 않은 삼각형 4개의 면적은 80cm²이다.

색칠한 부분은 정사각형에서 색칠하지 않은 삼각형을 뺀 부분이므로 100(정사각형 면적) − 80(삼각형 면적) = 20cm²

아인슈타인 단계 문제

1 답 박사는 확률을 그냥 더했을 뿐이다. 만약 남자들 중 50%가 코를 골고, 여자들 중 50%가 코를 곤다고 했을 때, 남자와 여자를 합해 놓고 본 경우 100%가 코를 고는 것은 아니기 때문이다.

2 답 58.75%

먼저, 남자 한 명과 여자 한 명을 선택했을 때 둘 다 코를 골지 않을 확률을 구한다.

코를 고는 남자의 확률은 45%이므로 코를 골지 않는 남자의 확률은 55%($\frac{11}{20}$),

코를 고는 여자의 확률은 25%이므로 코를 골지 않는 여자의 확률은 75%($\frac{3}{4}$).

그러므로 둘 다 코를 골지 않을 확률은

$$\frac{11}{20} \times \frac{3}{4} = \frac{33}{80}$$

남자와 여자 중 한 명이라도 코를 골 확률은

$$1 - \frac{33}{80} = \frac{47}{80} = 0.5875$$

3 답 8600원

합판의 면적은 $40 \times 80 = 3200\text{cm}^2$

테이블 윗면의 면적은

$20(반지름) \times 20 \times 3.14 \times 2(개) = 2512\text{cm}^2$

합판으로 테이블 윗면을 제작하고 남은 면적은

$3200 - 2512 = 688\text{cm}^2$

합판 1cm^2 당 비용은

$40000 \div 3200 = 12.5$원이므로

$688 \times 12.5 = 8600$원

4 답 $\frac{91}{216}$

아마 대부분의 사람들은 준희가 100만 원을 얻게 될 확률이 $\frac{3}{6}(=\frac{1}{2})$이라고 생각하겠지만 그건 틀린 대답이다. 이 계산대로라면 주사위를 6번 던질 경우 $\frac{6}{6}$ 즉 확률은 100%가 된다.

정답을 구하려면, 먼저 준희가 주사위를 던진 각각의 기회에서 돈을 얻지 못할 확률을 구해야 한다. 한 번 주사위를 던졌을 때 돈을 받지 못할 확률은 $\frac{5}{6}$이다.

따라서 3번 던졌을 때 돈을 받지 못할 확률은

$$\frac{5}{6} \times \frac{5}{6} \times \frac{5}{6} = \frac{125}{216}$$ 이다.

따라서 주사위를 3번 던져 한 번이라도 4가 나올 확률은

$$1 - \frac{125}{216} = \frac{91}{216}$$

5 답 1500원

1년 일한 값은 10200원과 값을 모르는 돼지 한 마리이다. 혜수가 다섯 달만 일하자 농부는 6825원을 가져갔다. 만약 혜수가 일곱 달을 더 일했다면 추가로 6825원을 지급했을 것이다.

그러므로 한 달 일한 값은

6825원 $\div$ 7달 = 975원

혜수가 1년을 채워 일했을 때 돼지를 받지 않고 돈만 받았다고 한다면

975원 $\times$ 12달 = 11700원

실제로는 1년 일하면 10200원과 돼지를 주므로, 돼지 값은

11700원 $-$ 10200원 = 1500원

슈퍼 아인슈타인 문제

답 3.125cm^2

직사각형 속 삼각형 면적은 각각

$5 \times 10 \div 2 = 25\text{cm}^2$

테두리를 두른 삼각형의 높이는

$5\text{cm}(15\text{cm}의 \frac{1}{3})$, 따라서 밑변은 2.5cm이다.

테두리를 두른 삼각형의 면적은

$5 \times 2.5 \div 2 = 6.25\text{cm}^2$

테두리 안의 2개의 작은 삼각형은 높이가 각

각 2.5cm, 밑변이 1.25cm이다.

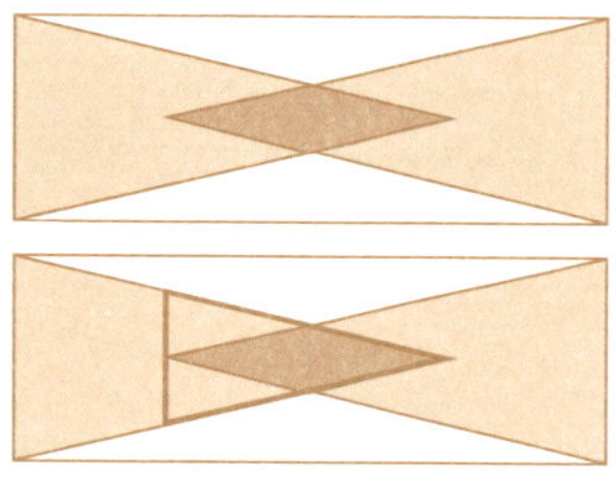

작은 삼각형 2개의 넓이는

$2.5 \times 1.25 \div 2 \times 2 = 3.125\text{cm}^2$

따라서 겹쳐진 면적은

$6.25 - 3.125 = 3.125\text{cm}^2$

4장

그림 그리기

1단계 문제

1 답 화요일

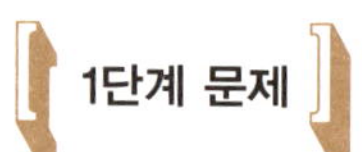

		월요일	오늘		모레	

2 답 16L

8L가 $\dfrac{2}{4}$ 를 차지하니까 $\dfrac{1}{4}$ 은 4L이다.

3 답 10분

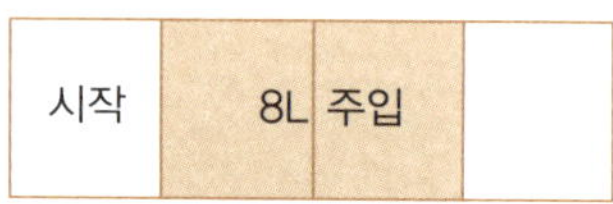

2번만 잘라 내면 된다.

4 답 크다고 말할 수 없다.

은규와 수현이는 성재와 민성이 사이에 있지만 우리가 아는 것은 이게 전부다. 성재와 수현 중 누가 더 큰지는 알 수 없다.

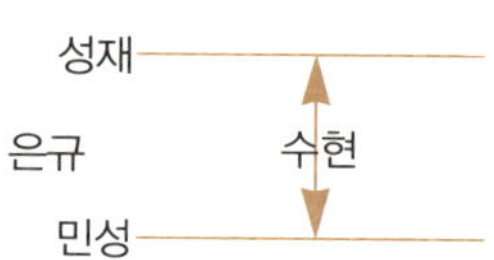

5 답 1km

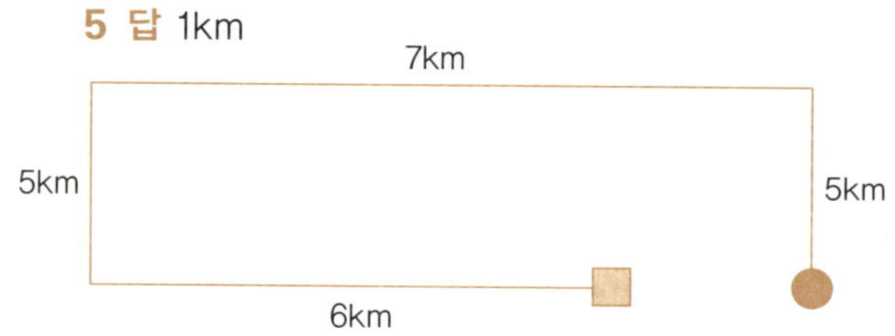

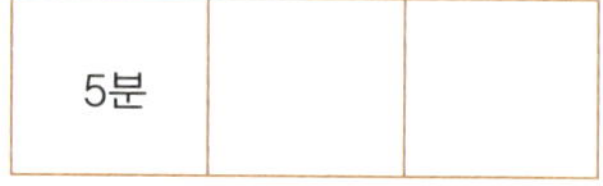
2단계 문제

1 답 16개

2 답 19200원

기타	기부		
	1200원	1200원	1200원
	1200원	1200원	1200원
	1200원	1200원	1200원

빈 9칸의 총액이 10800원이므로

$10800 \div 9 = 1200$원

큰 한 칸의 크기는

1200원 $\times 4$칸(작은 칸) $= 4800$원

전체는 4칸이므로 다시

4800원 $\times 4$칸 $= 19200$원

3 답 3.4km

태현이가 소리를 지르면 바위산을 맞고 되돌아오므로 소리는 왕복 운동을 한다.

$20 \div 5 = 4$이므로

$1.7\text{km} \times 4 = 6.8\text{km}$인데 이것은 왕복한 거리이므로 바위산까지 거리는 3.4km가 된다.

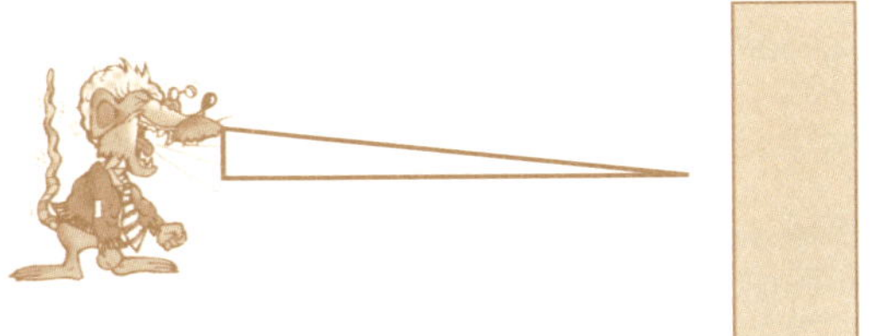

4 답 6.28m²

전체 원 면적은

$2 \times 2 \times 3.14 = 12.56\text{m}^2$

반원 면적은

$12.56 \div 2 = 6.28\text{m}^2$

5 답 68m

1초를 다섯 부분으로 나누면

$\frac{1}{5}$초 $\times 340\text{m} = 68\text{m}$

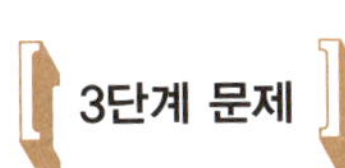

1 답 $10\frac{2}{3}$L

4L를 더 부으면 기름통의 $\frac{3}{8}$이 차므로 기름통 $\frac{1}{8}$은

$4 \div 3 = \frac{4}{3}$L와 같다.

그러므로 기름통 $\frac{8}{8}$은

$\frac{4}{3} \times 8 = \frac{32}{3} = 10\frac{2}{3}$

2 답 금요일

모레에서 4일 전날은 수요일이고, 어제는 목요일이다.

목요일부터 14일 전은 역시 목요일이므로 13일 전은 그로부터 하루 지난 금요일이 된다.

3 답 6대

첫 번째 로켓을 발사한 후부터 12분마다 한 대씩 발사한다는 걸 기억하라!

4 답 1.935m²

잔디밭의 면적은 $3 \times 3 = 9\text{m}^2$이고 물이 닿는 면적은

$1.5 \times 1.5 \times 3.14 = 7.065\text{m}^2$

물이 닿지 않는 면적은

$9 - 7.065 = 1.935\text{m}^2$

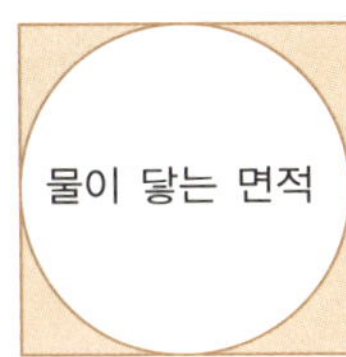

5 답 7cm

직사각형 둘레: $n + n + 8n + 8n = 126$

$18n = 126 \qquad n = 7$

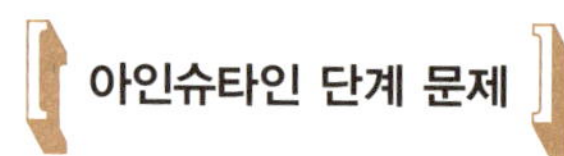

1 답 6000g

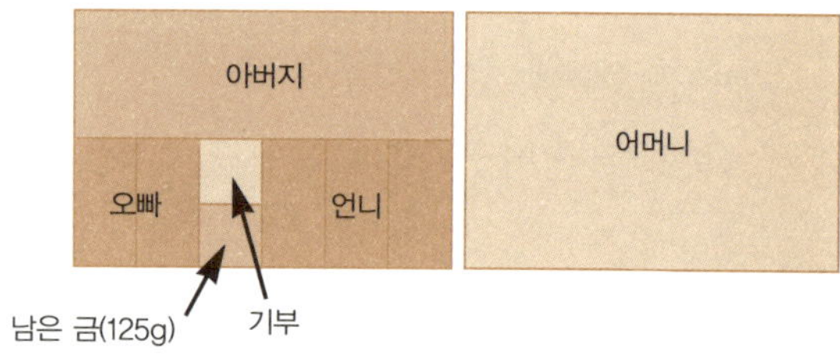

2 답 오전 6시 55분

한 시간에 45km를 가니까, 각 칸은 20분씩이
다. 미희가 60km를 가는 데는 1시간 20분이
걸린다. 8시 15분에 도착했으므로 여기서 1
시간 20분을 빼면 6시 55분이 된다.

3 답 350000원

민지 : $\dfrac{1}{5}$ 또는 $\dfrac{4}{20}$

다현 : $\dfrac{1}{2}$ 또는 $\dfrac{10}{20}$

지나 : $\dfrac{1}{4}$ 또는 $\dfrac{5}{20}$

20은 2, 4, 5의 최소공배수이다.

민지	민지	지나	지나	지나	다현	다현	다현	다현	다현
민지	민지	유희 17500원	지나	지나	다현	다현	다현	다현	다현

$\dfrac{1}{20}$ = 17500원

그러므로 총액은

$20 \times 17500 = 350000$원

4 답 288L

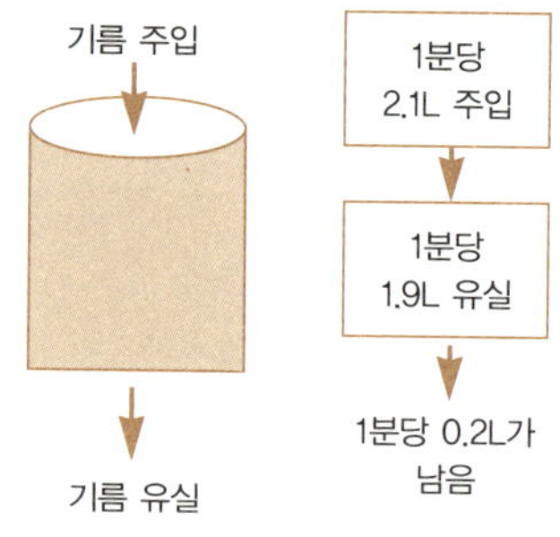

$0.2(\text{L}) \times 24(\text{시간}) \times 60(\text{분}) = 288\text{L}$

5 답 21.98m²

윗부분 면적 : $1 \times 1 \times 3.14 = 3.14\text{m}^2$

아랫부분 면적 : 땅속에 묻혀 있음.

기름통 옆면 면적은 기름통을 펼치면 직사각
형 모양이 되므로 이것의 면적을 구한다. 윗
변은 원의 둘레가 된다.

옆면 면적 :

$(2 \times 3.14) \times 3 = 18.84\text{m}^2$

$18.84 + 3.14 = 21.98\text{m}^2$

답 48cm

각각의 직사각형은 세로가 가로보다 2배 긴
형태이다. 13번 접었을 경우 면적은

$n \times 2n = \dfrac{9}{32}$

$2n^2 = \dfrac{9}{32}$

$n^2 = \dfrac{9}{64}$

$n = \dfrac{3}{8}$

12번 접었을 경우는 가로와 세로가 $2n$씩이다.

11번 접었을 경우 : $2n$과 $4n$

10번 접었을 경우 : $4n$과 $4n$

9번 접었을 경우 : $4n$과 $8n$

8번 접었을 경우 : $8n$과 $8n$

7번 접었을 경우 : $8n$과 $16n$

6번 접었을 경우 : $16n$과 $16n$

5번 접었을 경우 : $16n$과 $32n$

4번 접었을 경우 : $32n$과 $32n$

3번 접었을 경우 : $32n$과 $64n$

2번 접었을 경우 : $64n$과 $64n$

1번 접었을 경우 : $64n$과 $128n$

원래 크기 : $128n$과 $128n$

$n = \dfrac{3}{8}$ 이므로

$128n = 128 \times \dfrac{3}{8} = 48$

5장

벤다이어그램

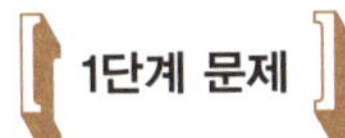

1단계 문제

1 답

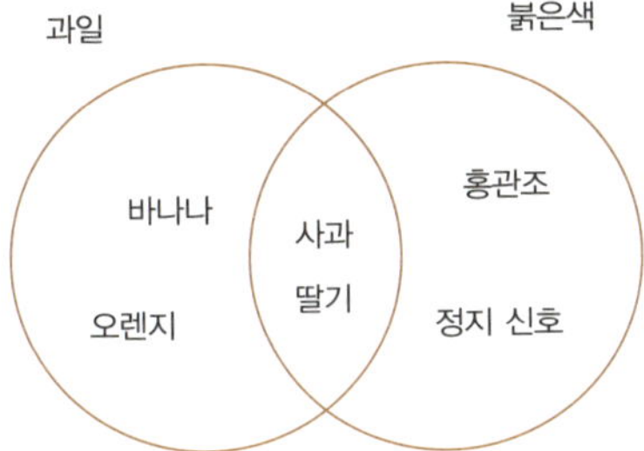

2 답 고양이, 개

3 답 32명

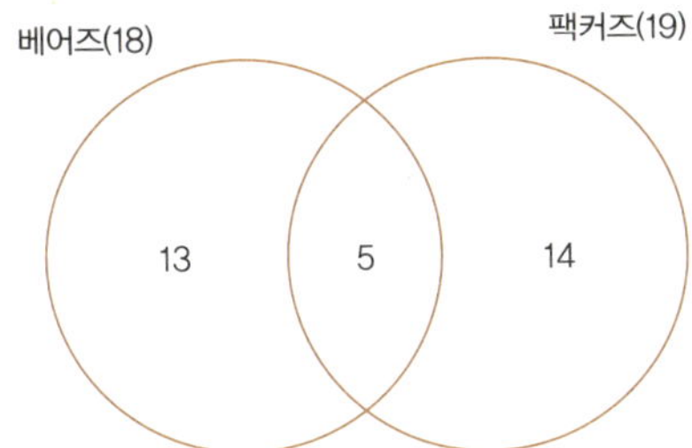

$13 + 5 + 14 = 32$명

4 답 21명

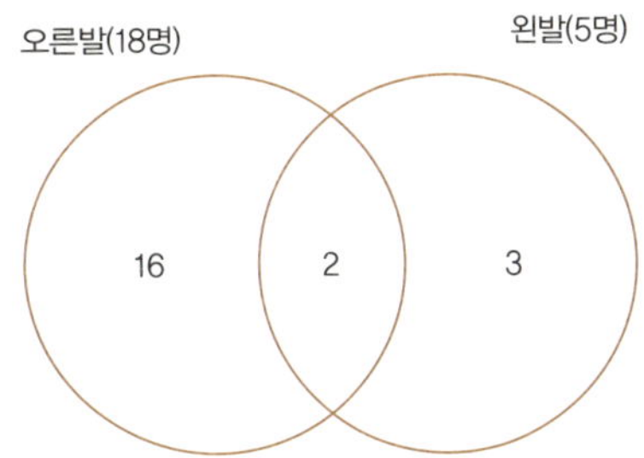

5 답 25명

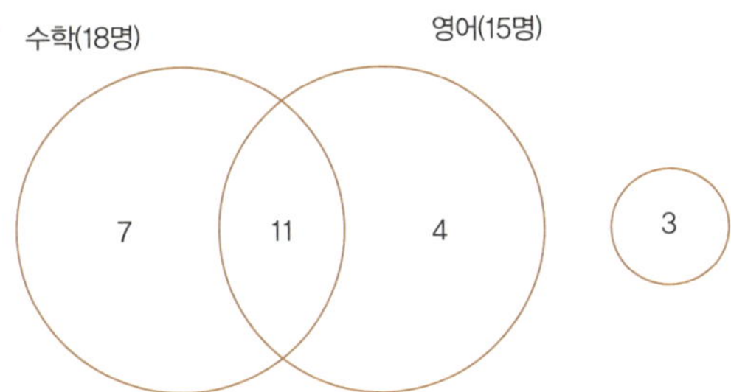

$7 + 11 + 4 + 3 = 25$

2단계 문제

1 답 6명

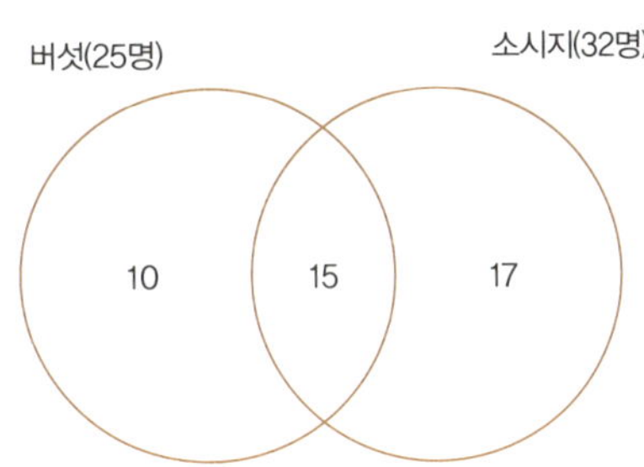

$10 + 15 + 17 = 42$명

$48 - 42 = 6$

2 답 34마리

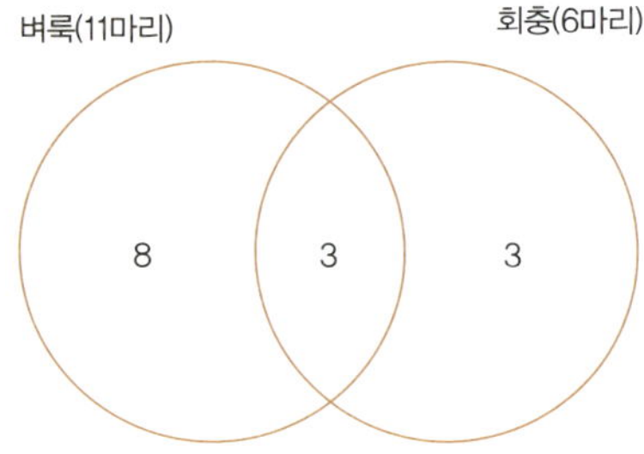

$8 + 3 + 3 = 14$

$48 - 14 = 34$

3 답 13명

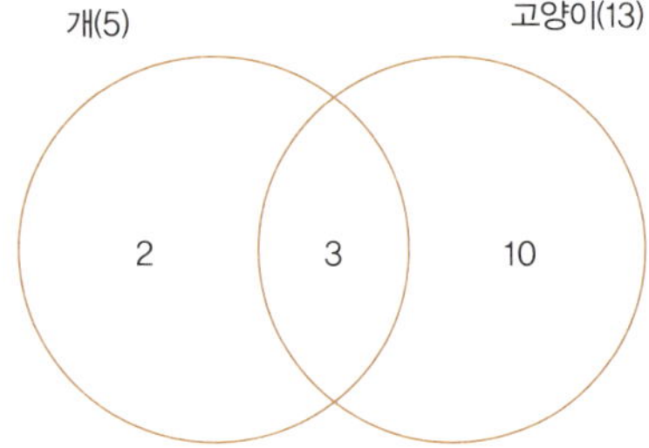

$2 + 3 + 10 = 15$

$28 - 15 = 13$

4 답 물고기, 생쥐

5 답 돼지

그림에서 영수와 은규가 둘 다 가지고 있으
면서, 재준이가 가지지 않은 동물을 찾는다.

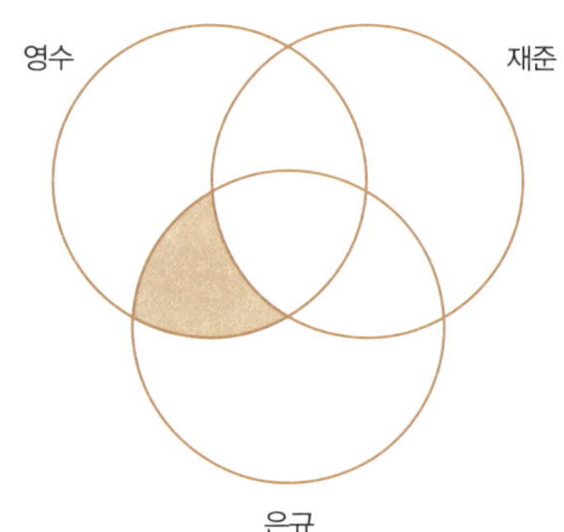

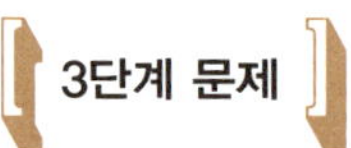

1 답 정사각형

마름모이면서 직사각형인 사각형은 오직 정
사각형뿐이다. 마름모는 네 변이 같은 평행
사변형이다.

2 답 A = 부등변삼각형

　　B = 정삼각형

　　C = 이등변삼각형

3 답 3, 5, 7, 11, 13, 17, 19

각각에 해당하는 수를 벤다이어그램에 적어
넣어 보라. 단 1은 소수가 아님을 기억하라.

4 답

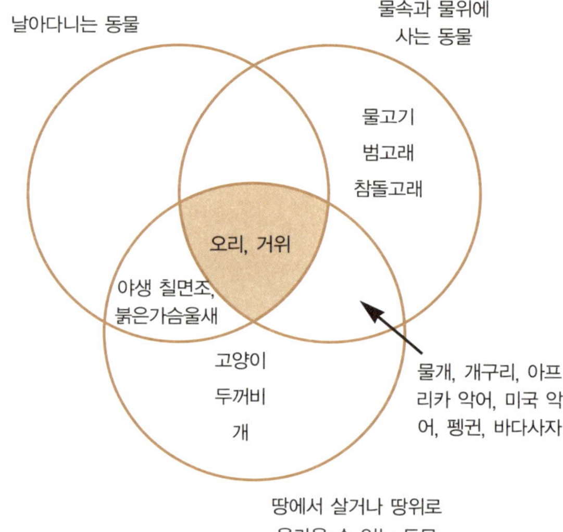

5 답

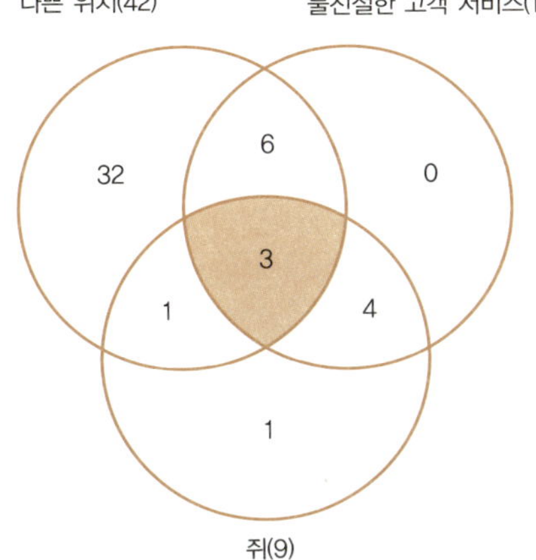

아인슈타인 단계 문제

1 답 35마리

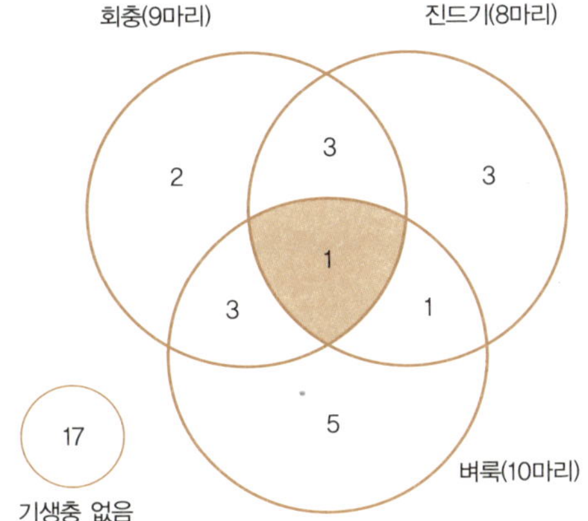

2 답 10명

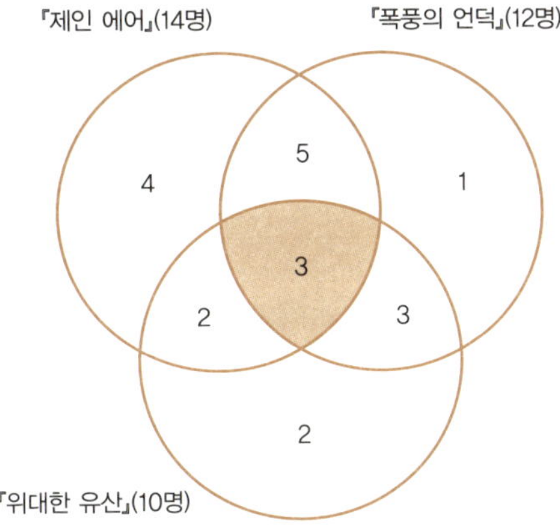

$$4 + 5 + 2 + 3 + 3 + 2 + 1 = 20$$

$$30 - 20 = 10$$

3 답 30명

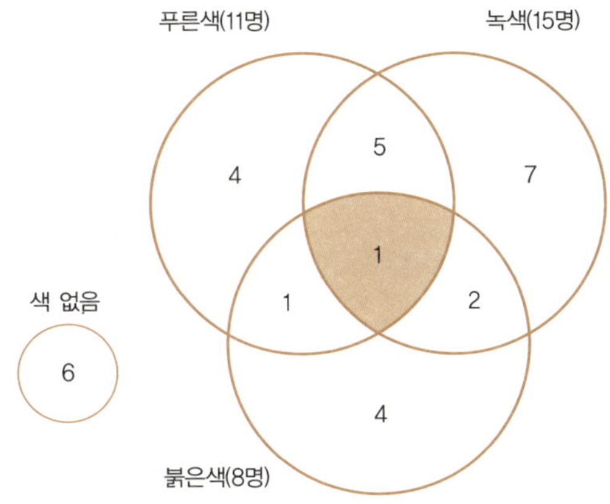

$$4 + 5 + 1 + 1 + 7 + 2 + 4 + 6 = 30$$

4 답 8명

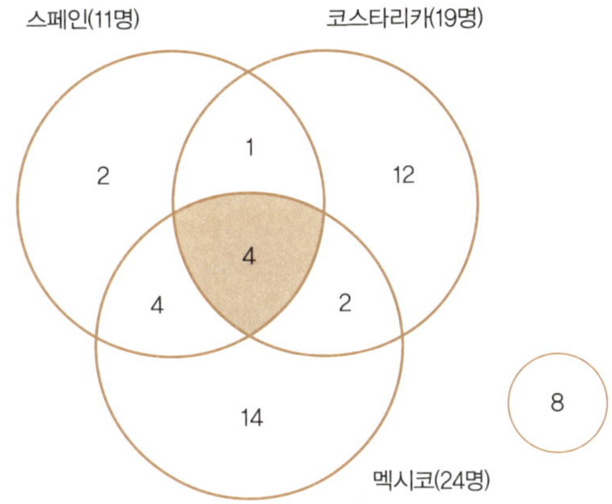

벤다이어그램 속 학생들의 숫자들 모두 합하면 39명이 된다.

스페인어를 공부하는 학생은 모두 47명이므로 8명은 아무 데도 가지 않았다.

5 답 16명

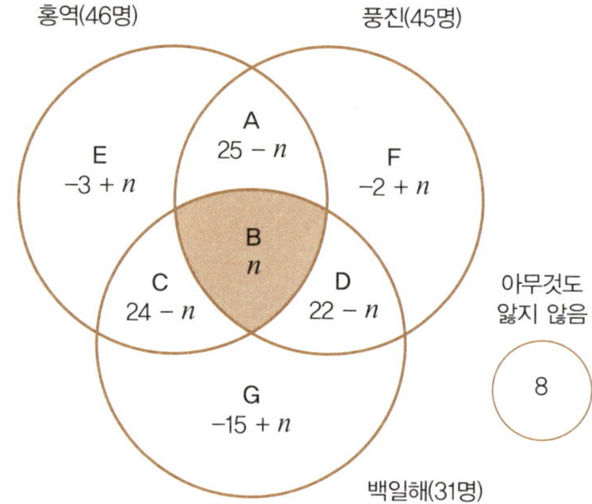

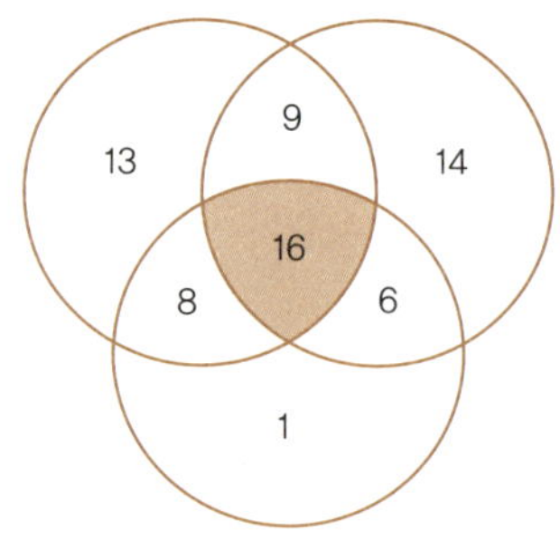

모두 합하여 75명이라 하였으므로

$(-3 + n) + (25 - n) + (-2 + n) + (24 - n) + n$

$+ (22 - n) + (-15 + n) + 8 = 59 + n = 75$

$n = 16$

벤다이어그램의 각 항을 A부터 G로 구분하
였다.

A−홍역과 풍진에 걸린 아이는 25명이므로
  $25 - n$

B−n

C−홍역과 백일해에 걸린 아이는 24명이므
  로 $24 - n$

D−풍진과 백일해에 걸린 아이는 22명이므
  로 $22 - n$

그럼

$A + B + C = (25 - n) + n + (24 - n) = 49 - n$

홍역에 걸린 아이는 46명이므로

$E = 46 - (49 - n) = \mathbf{-3 + n}$

$C + B + D = (24 - n) + n + (22 - n) = 46 - n$

백일해에 걸린 아이는 31명이므로

$G = 31 - (46 - n) = \mathbf{-15 + n}$

$A + B + D = (25 - n) + n + (22 - n) = 47 - n$

풍진에 걸린 아이는 45명이므로

$F = 45 - (47 - n) = \mathbf{-2 + n}$

답

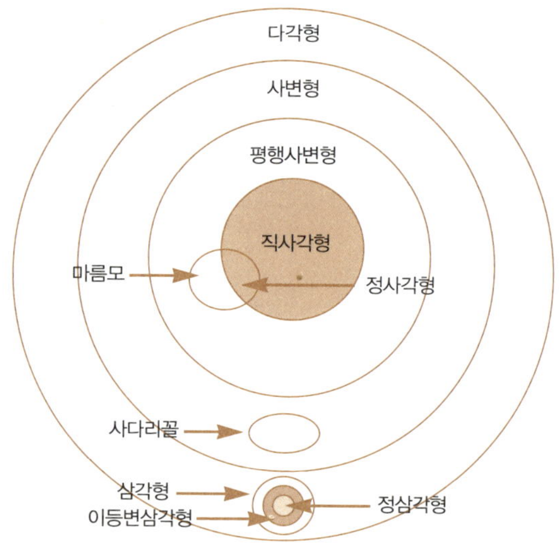

대수학의 언어

1 답 $10n$

m : n

dm : $10n$

10dm가 1m이므로

nm $\times$ 10 = $10n$dm가 된다.

2 답 $1000000n$

kL : n

L : $1000n$

mL : $1000000n$

3 답 $24n$

하루는 24시간이므로

n일 $\times$ 24 = $24n$시간

4 답 $100n$

1m는 100cm이므로

nm $\times$ 100 = $100n$cm

5 답 유나의 나이 : $3n$, 민준이의 나이 : $9n$

유나의 나이는 재선이의 나이의 3배이므로

$3 \times n = 3n$,

민준이의 나이는 유나의 나이의 3배이므로

$3 \times 3n = 9n$

6 답 $1000n$

1km는 1000m이므로

$n$km $\times$ 1000 = $1000n$m

7 답 $10n$

100원은 10원의 10배이다.

8 답 $50n$

영훈이는 1시간에 50km를 간다. 4시간을 갔다면 움직인 거리는 50×4 = 20km가 된다. 그러니까 n시간이면 움직인 거리는 $50 \times n$ = $50n$km가 된다.

9 답 $3.14n$

원주는 지름 $\times 3.14$이다.

10 답 $n + 4$

가장 큰 수: $n + 4$

다음 수: $n + 3$

다음 수: $n + 2$

다음 수: $n + 1$

가장 작은 수: n

2단계 문제

1 답 $\dfrac{n}{10}$

1dm는 $\dfrac{1}{10}$m이다.

예를 들어 80dm는 $80 \div 10 = 8$m이므로

$n$dm는 $n \div 10 = \dfrac{n}{10}$m이다.

2 답 $1000000n$

1km는 1000000mm와 같다.

3 답 $4n + 30$

각 숫자는 5씩 커진다.

가장 큰 수: $n + 15$

다음 수: $n + 10$

다음 수: $n + 5$

가장 작은 수: n

$(n) + (n + 5) + (n + 10) + (n + 15) = 4n + 30$

4 답 $3000n + 55000$

승현이의 급여는 $300 \times n = 3000n$이고 보너스는 55000원이다.

5 답 $2n$

만약 신발 10켤레가 있다면 $10 \times 2 = 20$짝이 있는 것이다.

그러므로 신발 n켤레는 $n \times 2 = 2n$짝

6 답 $0.85n$

n의 15% $= 0.15n$

할인가는 $1 - 0.15n = 0.85n$

7 답 $\dfrac{n}{2}$

500원 동전은 1000원짜리 지폐의 $\dfrac{1}{2}$에 해당하므로

$n \div 2 = \dfrac{n}{2}$

8 답 $\dfrac{1}{3}n + 6000$

유진이 연봉의 $\dfrac{1}{3}$이므로 $\dfrac{1}{3}n$

6000원이 더 많다고 했으므로 $\dfrac{1}{3}n + 6000$

9 답 $15500 - n$

책상 한 개와 의자 한 개의 값은 15500원이다.

책상 값은 15500원에서 의자를 뺀 값이 된다.

10 답 $180 - n$

평행한 직선은 모두 $180°$이다.

3단계 문제

1 답 $\dfrac{n}{3600}$

1시간 = 60분 = 3600초

만약 10000초를 시간으로 환산한다면

$10000 \div 3600 = 2.78$시간

그러므로 n초를 시간으로 환산한다면

$n \div 3600 = \dfrac{n}{3600}$ 시간

2 답 $310n$

10원짜리 동전의 수 : n

10원짜리 동전의 금액 : $n \times 10 = 10n$

100원짜리 동전의 수 : $3n$

100원짜리 동전의 금액 : $3n \times 100 = 300n$

$300n + 10n = 310n$

3 답 $360 - 5.5n$

사변형의 내각의 합은 $360°$이다.

그러므로 남은 한 각은

$360 - (n + 2.5n + 2n) = 360 - 5.5n$

4 답 $\dfrac{n}{1000000}$

$1\text{mm} = \dfrac{1}{1000}$ m, $1\text{m} = \dfrac{1}{1000}$ km

그러므로 $1\text{mm} = \dfrac{1}{1000000}$ km

5 답 $10n$

1L = 10dL이므로

$n\text{L} = 10n\text{dL}$

6 답 $7n$

원은 $360°$이고 $45°$는 $360°$의 $\dfrac{1}{8}$이다.

즉 원주의 남은 부분은 $\dfrac{7}{8}$이 된다.

원주의 $\dfrac{1}{8}$이 n이므로 $\dfrac{7}{8}$은 $7n$이다.

7 답 $1.06n$

기타는 n원

세금은 6%이므로 $n \times 0.06 = 0.06n$

총액은 $n + 0.06n = 1.06n$

8 답 $19n$

세로 길이: n

가로 길이: $8.5n$

둘레 길이: $n + n + 8.5n + 8.5n = 19n$

9 답 $10000 - 50n$

50원짜리 우표의 수: n

50원짜리 우표 구입 금액: $50n$

100원짜리 우표의 수: $100 - n$

100원짜리 우표 구입 금액: $100(100 - n)$

우표를 구입한 총액은

$50n + 100(100 - n) = 50n + 10000 - 100n =$

$10000 - 50n$

10 답 $8n + 3$

소의 수: n 　　소의 다리: $4n$

닭의 수: $2n$ 　　닭의 다리: $2 \times 2n$

트리포드의 다리: 3개

우리 속 동물들의 다리를 합한 총 개수는

$4n + 4n + 3 = 8n + 3$

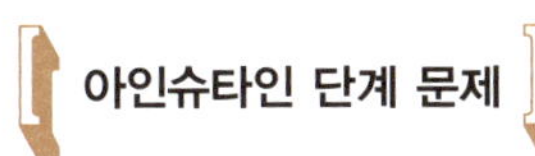

1 답 $5n$km

준수가 운전한 거리: $55n$ (거리 = 시간×속도)

준수의 어머니가 운전한 거리: $60n$

$60n - 55n = 5n$

2 답 $320 - 4n$

오리의 수: n 　　오리들의 다리 수: $2n$

말의 수: $80 - n$ 　　말의 다리 수: $4(80 - n)$

말의 다리 수는

$4(80 - n) = 320 - 4n$

3 답 $50n$

시간 = 거리/속도 = $\dfrac{n}{72}$ 시간

1시간 = 60분 = 3600초

따라서 $\dfrac{n}{72} \times 3600 = 50n$

4 답 $64000n$원

정원의 세로 길이: n

정원의 가로 길이: $3n$

정원의 둘레 길이: $n + n + 3n + 3n = 8n$

담장의 값: $8n \times 8000$원 $= 64000n$원

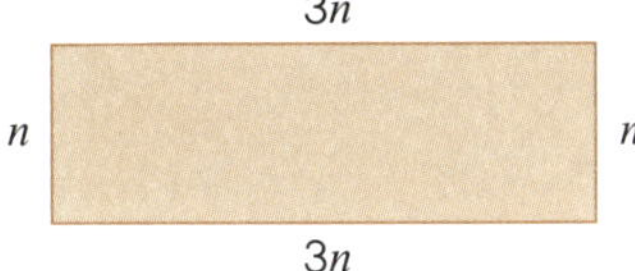

5 답 $0.864n$

평상시 기타 값: n

할인해 주는 돈: $0.2n$

할인된 값: $(1 - 0.2)n = 0.8n$

세금: $0.8n \times 0.08 = 0.064n$

기타를 살 때 내야 하는 돈: $0.8n + 0.064n = 0.864n$

6 답 $360 - 2n$

네 각의 합은 360°이므로

$A + B + n + n = 360$

$A + B = 2(180 - n) =$

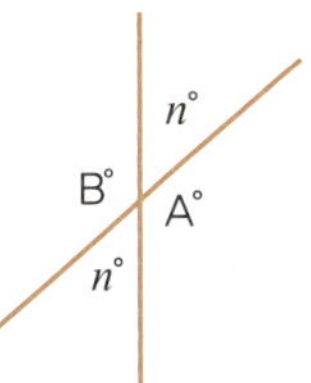

$360 - 2n$

7 답 $2n + 402$

소 : n 　　　　소 다리 : $4n$

오리 : $200 - n$ 　　오리 다리 : $2(200 - n)$

농부 다리 : 2

동물들의 총 다리 수는

$4n + 2(200 - n) + 2 = 4n + 400 - 2n + 2 =$ $2n + 402$

8 답 $n + 3$

가장 큰 수: $n + 6$

다음 수: $n + 5$

다음 수: $n + 4$

다음 수: $n + 3$

다음 수: $n + 2$

다음 수: $n + 1$

가장 작은 수: n

이 수들의 평균을 내면

$n + (n+1) + (n+2) + (n+3) + (n+4) + (n+5) +$ $(n + 6) = 7n + 21$

$(7n + 21) \div 7 = n + 3$

9 답 $0.729n$

새로 산 차의 값: n원

1년 후의 값: $0.9n$

2년 후의 값: $0.9 \times 0.9n = 0.81n$

3년 후의 값: $0.9 \times 0.81n = 0.729n$

10 답 $0.215n^2$

정사각형의 면적 : n^2

정사각형 내부 원의

면적 : $3.14 \times 0.5n \times$

$0.5n = 0.785n^2$

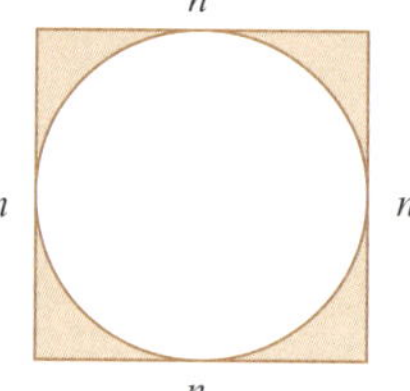

색칠한 부분의 면적은 정사각형에서 원을 뺀 부분이므로

$n^2 - 0.785n^2 = 0.215n^2$

답 $3.6n$

1시간 = 3600초이므로

nm/초 $\times 3600 = 3600n$m/시간

1m = 0.001km이므로

$3600n$m/시간 $\div 1000 = 3.6n$km/시간

7장

방정식 풀이

1단계 문제

1 답 $n = 8$

$$2n + 8 = 24$$

빼기: 　　　　$-8 \quad -8$

$$2n = 16 \quad n = 8$$

2 답 $n = 18$

$$5n - 5 = 85$$

더하기: 　　　　$+5 \quad +5$

$$5n = 90 \quad n = 18$$

3 답 $n = 12$

$$2n + 8 - n = 20$$

모으기: 　　$n + 8 = 20$

빼기: 　　　　$-8 \quad -8$

$$n = 12$$

4 답 $n = 8$

$$7n + 4 + n - 5 = 63$$

모으기: $\quad 8n - 1 = 63$

더하기: $\qquad +1 \quad +1$

$$8n = 64 \quad n = 8$$

5 답 $n = 9$

$$2n + 1 = n + 10$$

n을 한쪽 변에: $\quad -n \qquad -n$

$$n + 1 = 10$$

빼기: $\qquad -1 \quad -1$

$$n = 9$$

6 답 $n = 3.5$

$$2n - 7 = 0$$

더하기: $\qquad +7 \quad +7$

$$2n = 7$$

2로 나누기: $\quad n = 3.5$

7 답 $n = 2$

$$n + 2n + 3n + 4n = 2 + 3 + 4 + 5 + 6$$

더하기: $\qquad 10n = 20$

10으로 나누기: $n = 2$

8 답 $n = -5$

$$\frac{1}{2}n + 1\frac{1}{2}n = -10$$

더하기: $\qquad 2n = -10$

$$n = -5$$

9 답 $n = 3$

$$4n - 8 = n + 1$$

n을 한쪽 변에: $-n \qquad -n$

$$3n - 8 = 1$$

더하기: $\qquad +8 \quad +8$

$$3n = 9$$

3으로 나누기: $\quad n = 3$

10 답 $n = 1$

$$100n = 100$$

100으로 나누기: $n = 1$

[**2단계 문제**]

1 답 $n = 10$

$$n - n = 10 - n$$

모으기: $\qquad 0 = 10 - n$

더하기: $\qquad +n \qquad +n$

$$n = 10$$

2 답 $n = 118$

$$2n - 1\frac{1}{2}n = 59$$

더하기: $\qquad \frac{1}{2}n = 59$

2곱하기: $\qquad \frac{1}{2}n \times 2 = 59 \times 2$

$$n = 118$$

3 답 $n = 5$

$$2n + 10 = 3n + 5$$

n을 한쪽 변에: $-2n \qquad -2n$

$$10 = n + 5$$

빼기: $\qquad -5 \qquad -5$

$$5 = n$$

4 답 $n = 0$

$$2n = 4n$$

n을 한쪽 변에: $-2n \quad -2n$

$$0 = 2n \qquad n = 0$$

5 답 $n = 2$

$$n + 9n - 8 - 5 = 2n + 3$$
$$10n - 13 = 2n + 3$$

n을 한쪽 변에: $-2n \qquad -2n$
$$8n - 13 = 3$$

더하기 $\qquad +13 \;\; +13$
$$8n = 16$$

8로 나누기: $n = 2$

6 답 $n = 1000$

$$\frac{1}{10}n = 100$$

10 곱하기: $\quad \frac{1}{10}n \times 10 = 100 \times 10$
$$n = 1000$$

7 답 $n = 8$ 또는 -8

$$n^2 = 64$$

제곱근 구하기: $n = 8$ 또는 -8

8 답 $n = 9$

$$n + 9n - 90 = 0$$
$$10n - 90 = 0$$

더하기: $\qquad +90 \qquad +90$
$$10n = 90$$

10으로 나누기: $n = 9$

9 답 $n = 5$ 또는 -5

$$n^2 + 9 = 34$$

빼기: $\qquad -9 \;\; -9$
$$n^2 = 25$$

제곱근 구하기: $n = 5$ 또는 -5

10 답 $n = 1$

$$10n - 9n + 8n - 7n + 6n = 10 - 9 + 8 - 7 + 6$$
$$8n = 8$$

8로 나누기: $\quad n = 1$

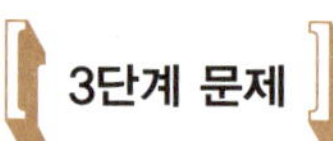

3단계 문제

1 답 $n = 50$

$$-n = -50$$
$$n = 50$$

2 답 $n = -640$

$$-\frac{1}{8}n = 80$$

-8 곱하기: $\quad n = -640$

3 답 $n = \frac{1}{2}$ 또는 $-\frac{1}{2}$

$$n^2 = \frac{1}{4}$$

제곱근 구하기: $n = \frac{1}{2}$ 또는 $-\frac{1}{2}$

4 답 $n = \frac{1}{4}$

$$n = 3n - \frac{1}{2}$$

n을 한쪽 변에: $-n \;\; -n$
$$0 = 2n - \frac{1}{2}$$

더하기: $\qquad +\frac{1}{2} \qquad +\frac{1}{2}$
$$\frac{1}{2} = 2n \qquad n = \frac{1}{4}$$

5 답 $n = 0.05$

$$10n = 0.5$$

10으로 나누기: $n = 0.05$

6 답 $n = -1$

$$-5n - 5n - 5 = 5$$
$$-10n - 5 = 5$$

더하기: $\qquad +5 \;\; +5$
$$-10n = 10 \qquad n = -1$$

7 답 $n = 121$

$$\frac{1}{11}n = 11$$

11 곱하기: $\quad n = 121$

8 답 $n = \dfrac{5}{3}$

$$\frac{3}{5}n = 1$$

$\dfrac{5}{3}$ 곱하기: $\quad \dfrac{3}{5}n \times \dfrac{5}{3} = 1 \times \dfrac{5}{3}$

$$n = \frac{5}{3}$$

9 답 $n = 1$

$$1 - n = n - 1$$

n을 한쪽 변에: $\quad +n \quad +n$

$$1 = 2n - 1$$

더하기: $\quad\quad +1 \quad\quad +1$

$$2 = 2n \quad\quad n = 1$$

10 답 $n = \dfrac{5}{2}$ 또는 $-\dfrac{5}{2}$

$$n^2 = 6\frac{1}{4} \quad n^2 = \frac{25}{4}$$

제곱근 구하기: $n = \dfrac{5}{2}$ 또는 $-\dfrac{5}{2}$

아인슈타인 단계 문제

1 답 $n = \dfrac{1}{10}$ 또는 $-\dfrac{1}{10}$

$$n^2 - 1 = -\frac{99}{100}$$

더하기: $\quad\quad +1 \quad +1$

$$n^2 = \frac{1}{100}$$

제곱근 구하기: $n = \dfrac{1}{10}$ 또는 $-\dfrac{1}{10}$

2 답 $n = 0$

$$-n = n$$

n을 한쪽 변에: $\quad +n \quad +n$

$$0 = 2n \quad\quad n = 0$$

3 답 $n = 8500$원

$$n + 0.07n = 9095원$$

$$1.07n = 9095$$

1.07로 나누기: $n = 8500$

4 답 $n = 8$ 또는 -8

$$\frac{1}{n^2} = \frac{3}{192}$$

대각선 곱하기: $3n^2 = 192$

$$n^2 = 64$$

제곱근 구하기: $n = 8$ 또는 -8

5 답 $n = 10000$

$$n + \frac{1}{2}n + \frac{1}{4}n + \frac{1}{8}n + \frac{1}{16}n = 19375$$

$$\frac{31}{16}n = 19375$$

$\dfrac{16}{31}$ 곱하기: $n = 10000$

6 답 $n = 6$

$$\frac{1}{n} + \frac{2}{n} + \frac{3}{n} = 1$$

$$\frac{6}{n} = 1$$

대각선 곱하기: $n = 6$

7 답 $n = 7$

$5^{n-1} = 15625$

5를 몇제곱 해야 15625가 될까?

답은 $5 \times 5 \times 5 \times 5 \times 5 \times 5$ 또는 5^6

그러므로 $n - 1 = 6$

$n = 7$

8 답 $n = 6$

$$2^n = 4^{n-3} \quad 2^n = 2^{2(n-3)}$$

그러므로

$$n = 2(n - 3) = 2n - 6$$

n은 한쪽 변에: $-n \qquad\qquad -n$

$$0 = n - 6$$

더하기: $\qquad +6 \quad +6$

$$6 = n$$

9 답 $n = 10$

$$\frac{1}{n} + \frac{2}{n} + \frac{3}{n} + \frac{4}{n} = 1$$

$$\frac{10}{n} = 1$$

대각선 곱하기: $n = 10$

10 답 $n = 2.5$

$$\frac{1}{n} + \frac{3}{5} = 1$$

빼기: $\qquad\qquad -\frac{3}{5} \quad -\frac{3}{5}$

$$\frac{1}{n} = \frac{2}{5}$$

대각선 곱하기: $2n = 5 \qquad n = 2.5$

슈퍼 아인슈타인 문제

답 $n = 15$

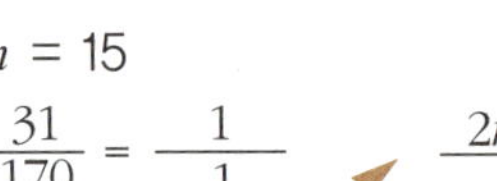

$$\frac{31}{170} = \cfrac{1}{5\cfrac{1}{2\cfrac{1}{n}}} \qquad \frac{2n+1}{n}$$

$$\frac{31}{170} = \cfrac{1}{5\cfrac{1}{\cfrac{2n+1}{n}}} \qquad \frac{n}{2n+1}$$

$$\frac{31}{170} = \cfrac{1}{5\cfrac{n}{2n+1}} \qquad \frac{5(2n+1)+n}{2n+1} = \frac{11n+5}{2n+1}$$

$$\frac{31}{170} = \cfrac{1}{\cfrac{11n+5}{2n+1}} \qquad \frac{2n+1}{11n+5}$$

$$\frac{31}{170} = \frac{2n+1}{11n+5}$$

$$170(2n+1) = 31(11n+5)$$

$$340n + 170 = 341n + 155$$

$$170 = n + 155 \qquad 15 = n$$

대수학 문제 풀이

1단계 문제

1 답 65kg

개의 무게: n

윤서의 몸무게: $45 + n$

방정식: $n + (45 + n) = 85 \ \rightarrow 2n + 45 = 85$

$$2n = 40 \qquad n = 20$$

윤서의 몸무게는 $45 + n$ 이므로 65kg

2 답 850원

자의 값: n

야드자의 값: $n + 450$

방정식: $2n + 450 = 1250$

$$2n = 800 \quad n = 400$$

야드자는 $n + 450$ 이므로 850원

3 답 21살

진헌이의 나이: n

지연이의 나이: $2n$

방정식: $3n = 63 \qquad n = 21$

4 답 3000원

싼 배낭의 값: n

비싼 배낭의 값: $n + 1500$

방정식: $2n + 1500 = 7500$

$2n = 6000 \quad n = 3000$

5 답 112

작은 짝수: n

큰 짝수: $n + 2$

방정식: $2n + 2 = 226$

$2n = 224 \quad n = 112$

2단계 문제

1 답 5kg

햄스터: n

고양이: $n + 10$

개: $n + 10$

방정식: $3n + 20 = 35$

$3n = 15 \quad n = 5$

2 답 31시간

일한 시간: n

시간당 받는 돈: $7500n$

보너스: 80000

방정식: $7500n + 80000 = 312500$

$7500n = 252500 \quad n = 31$

3 답 7km

첫째 날: n

둘째 날: $n + 1$

셋째 날: $n + 2$

넷째 날: $n + 3$

다섯째 날: $n + 4$

여섯째 날: $n + 5$

일곱째 날: $n + 6$

방정식: $7n + 21 = 70$

$7n = 49 \quad n = 7$

4 답 18000원

민환이의 빚: n

용현이의 빚: $3n$

방정식: $4n = 72000$

$n = 18000$

5 답 15개

50원짜리 동전의 수: n

100원짜리 동전의 수: n

50원짜리 동전의 금액: $50n$

100원짜리 동전의 금액: $100n$

방정식: $150n = 2250$

$n = 15$

3단계 문제

1 답 $\dfrac{n}{16}$원

첫날 있던 돈: n

월요일에 남은 돈: $\dfrac{n}{2}$

화요일에 남은 돈: $\dfrac{n}{4}$

수요일에 남은 돈: $\dfrac{n}{8}$

목요일에 남은 돈: $\dfrac{n}{16}$

2 답 0.1km

산림 관리원의 키: n

나무의 키: $64n$

작은 나무의 키: $64n - 112$

방정식: $n + 64n + (64n - 112) =$

$129n - 112 = 21818$

$129n = 21930 \quad n = 170$

나무의 키는 $64n$이므로

$64 \times 170 = 10880\text{cm} = 108.8\text{m} \fallingdotseq 0.1\text{km}$

3 답 17cm

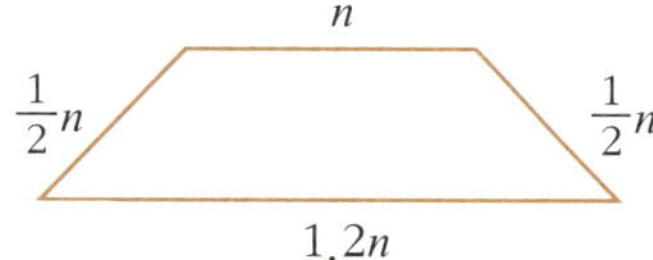

윗변 길이: n

아랫변 길이: $1.2n$

양변의 길이: $\dfrac{n}{2} + \dfrac{n}{2}$

사다리꼴 둘레 길이 구하는 방정식:

$n + 1.2n + \dfrac{n}{2} + \dfrac{n}{2} = 54.4$

$3.2n = 54.4 \qquad n = 17$

4 답 48000원

컴퓨터의 값(세금 미포함): n

세금: $0.07n$

방정식: $0.07n = 3360 \qquad n = 48000$원

5 답 31마리

오리의 수: n

소의 수: $2n$

오리 다리 개수: $2n$

소 다리 개수: $8n$

트리포드의 다리 수: 3

방정식: $10n + 3 = 313$

$10n = 310 \qquad n = 31$

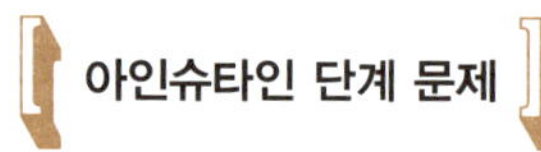

1 답 24살

1980년   1992년

명우의 나이 $\qquad n \qquad\qquad n + 12$

승희의 나이 $\qquad 2n \qquad\qquad 2n + 12$

준우의 나이 $\qquad 4n \qquad\qquad 4n + 12$

방정식: $(n+12) + (2n+12) + (4n+12) = 78$

$7n + 36 = 78$

$7n = 42 \qquad n = 6$

준우의 나이는 $4n$이므로 24살

2 답 16장

370원 우표 개수: n

370원 우표 금액: $370n$

30원 우표 개수: $3n$

30원 우표 금액: $3n \times 30 = 90n$

50원 우표 개수: $0.5n$

50원 우표 금액: $0.5n \times 50 = 25n$

50원 금액: 250

100원 금액: 200

10원 금액: 70

방정식: $370n + 90n + 25n + 520 = 8280$

$485n = 7760 \qquad n = 16$

3 답 12cm

처음 정사각형 한 변의 길이: n

나중 정사각형 한 변의 길이: $2n$

방정식: $(2n \times 2n) - (n \times n) = 432$

$4n^2 - n^2 = 432 \qquad 3n^2 = 432$

$n^2 = 144 \qquad n = 12$

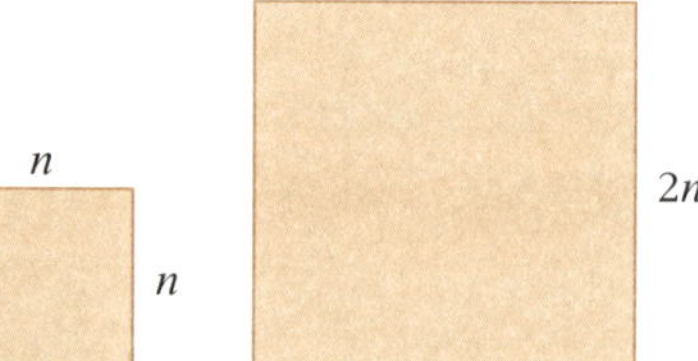

4 답 400분 이상

한 달 사용한 시간(분): n

원래 전화 회사: $12n$

나중 전화 회사: $0.5n + 4600$

두 전화 회사의 비용이 같아지는 시점을 구한다.

방정식: $12n = 0.5n + 4600$

$$11.5n = 4600 \quad n = 400$$

5 답 16개

5원 동전 개수: n

5원 총액: $5n$

10원 동전 개수: $2\frac{1}{2}n$

10원 총액: $10 \times 2\frac{1}{2}n = 25n$

50원 동전 개수: $5n$

50원 총액: $50 \times 5n = 250n$

방정식: $5n + 25n + 250n = 4480$

$$280n = 4480 \quad n = 16$$

등근 담장 반지름: $\dfrac{n}{2 \times 3.14}$

등근 담장 넓이: $3.14 \times \left(\dfrac{n}{2 \times 3.14}\right)^2 =$

$$\dfrac{n^2}{4 \times 3.14} = \dfrac{n^2}{12.56}$$

방정식: $\dfrac{n^2}{12.56} - \dfrac{1}{16}n^2 = 1380$

$$\dfrac{16n^2 - 12.56n^2}{200.96} = 1380$$

$$3.44n^2 = 277324.8$$

$$n^2 = 80617.7 \quad n = 283.9$$

슈퍼 아인슈타인 문제

답 284cm

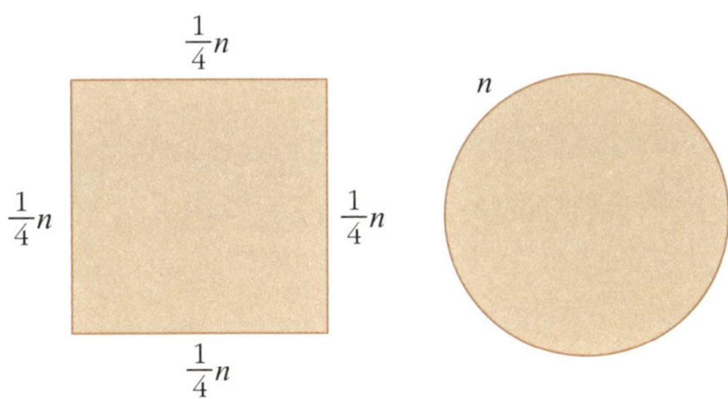

울타리 길이: n

네모난 담장 둘레: n

네모난 담장 넓이: $\dfrac{1}{4}n \times \dfrac{1}{4}n = \dfrac{1}{16}n^2$

등근 담장 둘레: n